高等教育数学类精品教材

复变函数初步

主　编　常建明　牛培彦

苏州大学出版社

图书在版编目(CIP)数据

复变函数初步 / 常建明,牛培彦主编. --苏州:苏州大学出版社,2024.8. --(高等教育数学类精品教材). -- ISBN 978-7-5672-4871-7

Ⅰ. O174.5

中国国家版本馆 CIP 数据核字第 20248NE736 号

内 容 简 介

本书是结合普通本科院校的实际情况而为数学专业编写的复变函数教材. 全书共分 7 章,内容包括复数与复变函数、解析函数、复变函数的积分、复幂级数、洛朗展开与孤立奇点、留数定理与辐角原理、共形映照,并配有相应习题及部分参考答案.

本书可作为普通本科院校数学专业及相关专业的教材或参考用书.

| 书　　名：复变函数初步 |
| FUBIAN HANSHU CHUBU |
| 主　　编：常建明　牛培彦 |
| 责任编辑：吴昌兴 |
| 封面设计：刘　俊 |

出版发行：苏州大学出版社(Soochow University Press)
社　　址：苏州市十梓街 1 号　邮编：215006
印　　装：江苏凤凰数码印务有限公司
网　　址：www.sudapress.com
邮　　箱：sdcbs@suda.edu.cn
邮购热线：0512-67480030
销售热线：0512-67481020

开　　本：787 mm×1 092 mm　1/16　印张：7.5　字数：169 千
版　　次：2024 年 8 月第 1 版
印　　次：2024 年 8 月第 1 次印刷
书　　号：ISBN 978-7-5672-4871-7
定　　价：24.00 元

凡购本社图书发现印装错误,请与本社联系调换. 服务热线:0512-67481020

PREFACE 前言

  复变函数是本科院校数学专业的学位课程,相关教材已经很多.但随着课程改革,复变函数课程的课时,特别是在普通本科院校数学专业,已经被压缩到每周不超过3课时,因此需要恰当地选取一些适合普通本科院校数学专业学生学习的内容.编写本教材的目的即在于此.

  编写过程中,我们尽量突出数学的思维过程,简略叙述与数学分析平行并且相仿的部分内容,主要讨论复变函数所特有的最重要的基本性质与结果.本书力求用简短的篇幅精练地介绍复变函数论的基本知识,简明扼要,循序渐进.每个知识点配有对应的练习题,习题难度适中,有利于学生加深对教学内容的理解.

  全书共分七章.第一章为复数与复变函数,主要介绍复数域和复平面,并在此基础上定义复变函数及其极限和连续等概念.第二章为解析函数,通过可导与可微引入复变函数的主要研究对象——解析函数的概念,并给出刻画可微与解析条件的柯西-黎曼方程,以及一些基本的初等解析函数.第三章为复变函数的积分,介绍研究解析函数的重要工具——复变函数的线积分,并证明复变函数的基本定理——柯西积分定理和由此得到的柯西积分公式.第四章为复幂级数,介绍研究解析函数的另外一个重要工具——幂级数,并在此基础上证明解析函数的最大模原理和施瓦茨引理.第五章为洛朗展开与孤立奇点,介绍利用幂级数研究解析函数在孤立奇点处的性质.第六章为留数定理与辐角原理,介绍柯西积分定理的应用,特别是用复积分计算实积分.第七章为共形映照,简单介绍了一般解析函数的几何性质——共形性,并且对线性变换的共形性质做了较多的分析.书末还附有部分习题的参考答案,供读者参考.

  本书的编写得到了常熟理工学院数学与统计学院的大力支持,在此表示感谢.

  因编者水平有限,书中难免有疏漏和不妥之处,敬请广大读者批评指正.

编 者

2024 年 4 月

CONTENTS 目录

第一章 复数与复变函数 ··· 1
  1.1 复数 ··· 1
    1.1.1 复数域 ··· 1
    1.1.2 复平面 ··· 4
    1.1.3 复数的模与辐角 ·· 5
    1.1.4 复数的三角表示与指数表示 ·· 7
    1.1.5 共轭复数 ·· 10
  1.2 复数的初等运算 ··· 11
    1.2.1 复数的指数运算 ·· 11
    1.2.2 复数的三角运算 ·· 12
    1.2.3 复数的开方运算 ·· 13
    1.2.4 复数的对数运算 ·· 14
    1.2.5 复数的一般幂运算 ··· 15
  1.3 复平面点集 ··· 16
  1.4 复变函数 ·· 19
    1.4.1 复变函数的定义及基本性质 ·· 19
    1.4.2 复变函数的极限及其基本性质 ··· 22
    1.4.3 连续复变函数及其基本性质 ·· 23

第二章 解析函数 ·· 24
  2.1 解析函数的定义 ··· 24
  2.2 柯西-黎曼方程 ··· 26
  2.3 初等解析函数 ·· 28
    2.3.1 指数函数 ·· 28
    2.3.2 三角函数 ·· 30
    2.3.3 对数函数 ·· 31

第三章 复变函数的积分 ·· 33
3.1 复变函数线积分的定义 ·· 33
3.2 柯西-古萨定理和柯西积分公式 ·· 37

第四章 复幂级数 ·· 48
4.1 复数列与复数项级数 ·· 48
4.1.1 复数(点)列 ··· 48
4.1.2 复数项级数 ··· 50
4.2 函数列与函数项级数 ·· 51
4.3 幂级数 ·· 55
4.4 解析函数的幂级数展开 ··· 57
4.5 解析函数零点的孤立性 ··· 61
4.6 解析函数最大模原理与施瓦茨引理 ·· 64

第五章 洛朗展开与孤立奇点 ·· 67
5.1 解析函数的洛朗展开 ·· 67
5.2 解析函数的孤立奇点分类 ··· 71

第六章 留数定理与辐角原理 ·· 77
6.1 解析函数的留数定理 ·· 77
6.2 某些实积分的计算 ··· 82
6.3 解析函数的辐角原理 ·· 88

第七章 共形映照 ·· 92
7.1 共形映照的定义 ··· 92
7.1.1 解析映照的保域性 ·· 92
7.1.2 解析映照的保角性与伸缩率不变性 ·· 93
7.1.3 单叶解析映照 ·· 94
7.1.4 共形映照 ··· 95
7.2 线性变换 ··· 97

部分习题参考答案 ·· 110
参考文献 ··· 114

复数与复变函数

1.1 复 数

1.1.1 复数域

中学数学中,实系数一元二次方程
$$ax^2+bx+c=0, \quad a\neq 0 \tag{1.1.1}$$
有求根公式
$$x=-\frac{b}{2a}\pm\sqrt{\frac{b^2-4ac}{4a^2}}=\frac{-b\pm\sqrt{b^2-4ac}}{2a}. \tag{1.1.2}$$

因此,若判别式 $\Delta=b^2-4ac<0$,则方程(1.1.1)没有实数解,或者说,会出现涉及负数开平方运算的形式解(1.1.2).最简单的例子是方程
$$x^2+1=0 \tag{1.1.3}$$
有形式解
$$x=\pm\sqrt{-1}. \tag{1.1.4}$$

因此有必要将实数系扩大使得在新的数系中对负数也可以做开平方运算.这个新的数系就是复数系.

定义 1.1.1 称 $\sqrt{-1}$ 为虚数单位,记为 i,其满足
$$\mathrm{i}^2=-1. \tag{1.1.5}$$

一般地,对任意实数 x,y,形如
$$x+y\mathrm{i} \quad \text{或} \quad x+\mathrm{i}y \tag{1.1.6}$$
的数称为复数,常记为 z,并且约定
$$z=x+y\mathrm{i}=x+\mathrm{i}y. \tag{1.1.7}$$

式(1.1.7)称为复数 z 的**代数表示**,而其中的 x 和 y 则分别称为复数 z 的**实部和虚部**,记为

$$x = \operatorname{Re} z, \quad y = \operatorname{Im} z. \tag{1.1.8}$$

从这里开始,在不特别说明的情况下,字母 x 和 y 通常表示实数,而 z 通常表示复数. 当虚部 $y = \operatorname{Im} z \neq 0$ 时,复数 z 称为虚数;当虚部 $y = \operatorname{Im} z = 0$ 时,复数 $z = x + 0\mathrm{i} = x$ 即为实数. 特别地,$0 = 0 + 0\mathrm{i}$. 当实部 $x = \operatorname{Re} z = 0$ 且虚部 $y = \operatorname{Im} z \neq 0$ 时,复数 $z = 0 + y\mathrm{i} = y\mathrm{i}$ 称为纯虚数.

从复数定义可看出,每个复数由其实部和虚部完全确定,因此两个复数相等当且仅当它们的实部与虚部均相等.

就像我们常用字母 **R** 表示全体实数一样,我们常用字母 **C** 表示全体复数. 按照定义,有

$$\mathbf{C} = \mathbf{R} + \mathbf{R}\mathrm{i}. \tag{1.1.9}$$

由于实数集是复数集的子集,即 $\mathbf{R} \subset \mathbf{C}$,关于复数的运算必须与实数的运算定律相容.

任意给定两个复数 $z_1 = x_1 + y_1 \mathrm{i}$ 和 $z_2 = x_2 + y_2 \mathrm{i}$,它们的和与差分别定义为

$$z_1 + z_2 = (x_1 + x_2) + (y_1 + y_2)\mathrm{i}, \quad z_1 - z_2 = (x_1 - x_2) + (y_1 - y_2)\mathrm{i}.$$
$$\tag{1.1.10}$$

特别地,有 $z_1 - z_1 = (x_1 - x_1) + (y_1 - y_1)\mathrm{i} = 0$,$-z_1 = -x_1 - y_1 \mathrm{i}$.

它们的乘积定义为

$$z_1 \cdot z_2 = (x_1 x_2 - y_1 y_2) + (x_1 y_2 + x_2 y_1)\mathrm{i}. \tag{1.1.11}$$

当 $z_2 \neq 0$ 时,它们的商定义为

$$\frac{z_1}{z_2} = \frac{x_1 x_2 + y_1 y_2}{x_2^2 + y_2^2} + \frac{-x_1 y_2 + x_2 y_1}{x_2^2 + y_2^2}\mathrm{i}. \tag{1.1.12}$$

容易证明,复数的加法和乘法运算都满足交换律和结合律,并且减法和除法分别是加法和乘法的逆运算:

$$(z_1 - z_2) + z_2 = z_1, \quad \frac{z_1}{z_2} \cdot z_2 = z_1 \quad (z_2 \neq 0). \tag{1.1.13}$$

于是,全体复数 **C** 关于四则运算封闭而成为**复数域**. 我们可以证明在实数域 **R** 内成立的所有代数恒等式在复数域 **C** 内也是成立的. 例如,对任何复数 a, b 和正整数 $n \in \mathbf{N}^*$,有

$$a^2 - b^2 = (a-b)(a+b),$$
$$a^3 - b^3 = (a-b)(a^2 + ab + b^2),$$
$$a^n - b^n = (a-b)(a^{n-1} + a^{n-2}b + \cdots + ab^{n-2} + b^{n-1}).$$

例 1.1.1 若两个复数 a 和 b 满足 $ab=0$,则两个复数 a 和 b 中至少有一个为 0.

证明 反证法. 设 $a=x+y\mathrm{i}$ 和 $b=u+v\mathrm{i}$ 均不为 0,则由 $ab=(xu-yv)+(xv+yu)\mathrm{i}$ 及条件 $ab=0$ 知
$$xu-yv=xv+yu=0.$$
因此 $(xu)(xv)=(yv)(-yu)$,即有 $(x^2+y^2)uv=0$. 由于 $a=x+y\mathrm{i}\neq 0$,因此 x,y 不同时为 0,即 $x^2+y^2\neq 0$. 于是有 $uv=0$,即 $u=0$ 或 $v=0$.

若 $u=0$,则由 $b=u+v\mathrm{i}\neq 0$ 知 $v\neq 0$,并且由 $xu-yv=xv+yu=0$ 知 $-yv=xv=0$. 于是得到 $y=x=0$. 与 $a\neq 0$ 矛盾.

若 $v=0$,则同样可得矛盾.

另证 设 $a\neq 0$,则由 $ab=0$ 知 $\dfrac{1}{a}\cdot(ab)=0$. 于是根据乘法结合律,
$$0=\frac{1}{a}\cdot(ab)=\left(\frac{1}{a}\cdot a\right)b=1\cdot b=b,$$
即得 $b=0$.

需要特别指出的是,与实数域不同,复数域不是有序域,即复数之间一般不能比较大小关系.

练习 1.1

1. 写出下列算式的代数表示:

(1) $(1+2\mathrm{i})^3$; (2) $\dfrac{5}{3-4\mathrm{i}}$;

(3) $\left(\dfrac{2+\mathrm{i}}{3-2\mathrm{i}}\right)^2$; (4) $\dfrac{(3+4\mathrm{i})(2-5\mathrm{i})}{2\mathrm{i}}$.

2. 设复数 $z=x+y\mathrm{i}$,求出下列复数的实部和虚部:

(1) z^4; (2) $\dfrac{1}{z}$;

(3) $\dfrac{z-1}{z+1}$; (4) $\dfrac{1}{z^2}$.

3. 证明:$\left(\dfrac{-1\pm\sqrt{3}\mathrm{i}}{2}\right)^3=1$.

4. 分别求出下列各式中的实数 x 和 y:

(1) $(1+2\mathrm{i})x+(3-5\mathrm{i})y=1-3\mathrm{i}$;

(2) $(x+y)^2\mathrm{i}-\dfrac{6}{\mathrm{i}}-x=5(x+y)\mathrm{i}-y-1$.

5. 证明:(1) $\mathrm{Re}(\mathrm{i}z)=-\mathrm{Im}\,z$; (2) $\mathrm{Im}(\mathrm{i}z)=\mathrm{Re}\,z$.

1.1.2 复平面

按照复数定义,每个复数 $z=x+y\mathrm{i}$ 由一对有序实数 (x,y) 唯一确定,反之亦然. 而我们熟知,有序实数对 (x,y) 与坐标平面上的点之间是一一对应的,因此复数集 **C** 就与坐标平面 $\mathbf{R}^2$ 之间可以建立一一对应:
$$z=x+y\mathrm{i} \longleftrightarrow P(x,y).$$

现在,坐标平面 $\mathbf{R}^2$ 上的点 $P(x,y)$ 就可以用复数 $z=x+y\mathrm{i}$ 来表示. 此时所得平面称为**复平面**(或 z 平面),仍然用 **C** 表示. 由于实数与 x 轴上的点一一对应,纯虚数与 y 轴上的点一一对应,因此 x 轴称为**实轴**, y 轴称为**虚轴**,如图 1-1 所示.

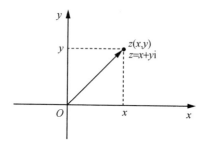

图 1-1

在复平面上,复数 $z=x+y\mathrm{i}$ 既表示点 $z=x+y\mathrm{i}$,也表示一个起点为原点、终点为 z 的向量,因此从现在起,我们将等同"数"、"点"与"向量",按照代数或几何的情形而称数 z 或点 z 或向量 z.

根据定义,两个复数 $z_1=x_1+y_1\mathrm{i}$ 与 $z_2=x_2+y_2\mathrm{i}$ 的和 z_1+z_2 与坐标平面上点 (x_1+x_2, y_1+y_2) 对应. 将其看作向量,则向量 z_1+z_2 可如图 1-2 所示那样得到,满足向量加法运算中的平行四边形法则. 根据 z_2 和 $-z_2$ 的关系,复数 z_1-z_2 对应向量减法的三角形法则,如图 1-3 所示.

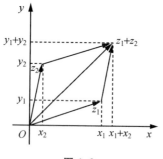

图 1-2

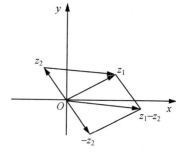

图 1-3

练习 1.2

1. 求复数 $z=x+iy$ 关于实轴和虚轴的对称点.
2. 标出数 z_1+z_2 和 z_1-z_2 的向量位置,其中
(1) $z_1=2i, z_2=\dfrac{2}{3}-i$;
(2) $z_1=-3+i, z_2=1+4i$;
(3) $z_1=x_1+y_1 i, z_2=x_1-y_1 i$.

1.1.3 复数的模与辐角

在复平面 **C** 上,复数 $z=x+yi$ 就是表示点 $z=x+yi$,其与坐标平面上的点 $P(x,y)$ 相重合. 我们称该点 P 到原点 $O(0,0)$ 的距离为复数 $z=x+yi$ 的**模**或**绝对值**,记作 $|z|$,亦常用字母 r 表示,即

$$r=|z|=|x+yi|=\sqrt{x^2+y^2}. \qquad (1.1.14)$$

数 $|z|$ 也是向量 z 的长度. 显然,任何复数都满足 $|z|\geqslant 0$,并且 $|z|=0$ 当且仅当 $z=0$. 根据定义,实数的模就是该实数的绝对值.

复数的模具有如下的不等式性质:

$$|\operatorname{Re} z|\leqslant |z|, \quad |\operatorname{Im} z|\leqslant |z|, \quad |z|\leqslant |\operatorname{Re} z|+|\operatorname{Im} z|, \qquad (1.1.15)$$

$$|z_1+z_2|\leqslant |z_1|+|z_2|, \quad |z_1-z_2|\geqslant ||z_1|-|z_2||. \qquad (1.1.16)$$

其中,式(1.1.16)中的不等式称为三角不等式,分别具有几何意义:三角形两边之和大于第三边;三角形两边之差小于第三边. 这两个不等式由复数与向量的对应关系即可得出. 第一个不等式可推广到一般形式:

$$|z_1+z_2+\cdots+z_n|\leqslant |z_1|+|z_2|+\cdots+|z_n|. \qquad (1.1.17)$$

根据复数模的定义可知,复平面 **C** 上两点 z_1, z_2 之间的距离为两复数 z_1, z_2 差的模:

$$d(z_1, z_2)=|z_1-z_2|. \qquad (1.1.18)$$

按照运算的定义,可以验证复数积和商的模满足如下性质:

$$|z_1 z_2|=|z_1||z_2|,$$
$$\left|\dfrac{z_1}{z_2}\right|=\dfrac{|z_1|}{|z_2|} \quad (z_2\neq 0). \qquad (1.1.19)$$

我们称从实轴正向到非零复数 z 对应的射线 $\overrightarrow{Oz}$ 之间的角(逆时针为正,顺时针为负)为非零复数 z 的**辐角**,记为 $\operatorname{Arg}(z)$ 或 $\operatorname{Arg} z$,如图 1-4 所示. 需要注意的是,每个非零复数的辐角有无限多个值,并且这些值之间相差 2π

的整数倍. 于是,若这些值中有一个为 θ,则
$$\text{Arg } z = \theta + 2n\pi \quad (n = 0, \pm 1, \pm 2, \cdots).$$

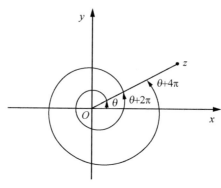

图 1-4

我们把位于区间 $(-\pi, \pi]$ 内的辐角值定义为非零复数 z 的辐角主值,记为 $\arg z$. 特别地,负实数 $z = x < 0$(负实轴上的点)的辐角主值为 $\arg z = \pi$. 于是非零复数 z 的辐角主值满足
$$-\pi < \arg z \leqslant \pi. \tag{1.1.20}$$

任一辐角与辐角主值之间有如下关系:
$$\text{Arg } z = \arg z + 2n\pi \quad (n = 0, \pm 1, \pm 2, \cdots).$$

注 数 0 的辐角不做定义,或者说是不确定的.

思考 复数 z 在不同坐标轴上和不同象限内的辐角主值等于什么?

练习 1.3

1. 计算下列复数的模:

   (1) $-2i(3+i)(2+5i)(1-i)$;

   (2) $\dfrac{(3+4i)(-1+2i)}{(-1-i)(3+i)}$.

2. 给出下列复数的辐角主值:

   (1) $z = \dfrac{1}{3+2i}$;

   (2) $z = \dfrac{i}{-2-2i}$;

   (3) $z = i^8 - 4i^{21} + i$.

3. 画出以下等式所确定的点的集合的草图:

   (1) $|z - 1 + i| = 1$;

   (2) $|z + i| \leqslant 3$;

   (3) $|z - 3i| \geqslant 4$;

   (4) $\left|\dfrac{z-3}{z-2}\right| \geqslant 1$;

   (5) $0 < \arg z < \pi$;

   (6) $|z - 4i| + |z + 4i| = 10$.

4. 复数 $-3 + 2i$ 和 $1 + 4i$ 谁更靠近原点?

5. 设 z 表示圆周 $|z|=2$ 上的任一点,证明不等式 $|z^2+z+3|\leqslant 9$.

1.1.4 复数的三角表示与指数表示

根据平面上的点的极坐标表示,任一非零复数 z 的实部 $x=\operatorname{Re} z$、虚部 $y=\operatorname{Im} z$、模 $r=|z|$ 和任一具体辐角 $\theta=\operatorname{Arg} z$ 之间有如下的关系:
$$x=r\cos\theta, \quad y=r\sin\theta. \tag{1.1.21}$$
由此可知,复数 $z=x+iy$ 可表示为
$$z=r\cos\theta+ir\sin\theta=r(\cos\theta+i\sin\theta). \tag{1.1.22}$$
上式称为复数的**三角表示**. 在后续内容中,除非特别强调,θ 一般取辐角主值 $\arg z$.

设两个非零复数 $z_1=r_1(\cos\theta_1+i\sin\theta_1), z_2=r_2(\cos\theta_2+i\sin\theta_2)$,其中 θ_1 和 θ_2 分别是 z_1 和 z_2 的任意一个辐角. 直接计算得
$$z_1z_2=r_1r_2[(\cos\theta_1\cos\theta_2-\sin\theta_1\sin\theta_2)+i(\sin\theta_1\cos\theta_2+\cos\theta_1\sin\theta_2)].$$
由三角函数的等式关系可以给出乘积 z_1z_2 的三角表示:
$$z_1z_2=r_1r_2[\cos(\theta_1+\theta_2)+i\sin(\theta_1+\theta_2)]. \tag{1.1.23}$$
从式(1.1.23)可以清楚地看出 $\theta_1+\theta_2$ 是 z_1z_2 的一个辐角,即 $\theta_1+\theta_2$ 是 $\operatorname{Arg}(z_1z_2)$ 的一个值. 于是
$$\operatorname{Arg}(z_1z_2)=(\theta_1+\theta_2)+2n\pi \quad (n=0,\pm 1,\pm 2,\cdots).$$
由于 $\operatorname{Arg} z_1=\theta_1+2n_1\pi(n_1=0,\pm 1,\pm 2,\cdots)$,$\operatorname{Arg} z_2=\theta_2+2n_2\pi(n_2=0,\pm 1,\pm 2,\cdots)$,若把辐角看作集合,则有恒等式
$$\operatorname{Arg}(z_1z_2)=\operatorname{Arg} z_1+\operatorname{Arg} z_2. \tag{1.1.24}$$
注意,对于辐角主值,等式(1.1.24)一般不成立,即一般而言 $\arg(z_1z_2)\neq \arg z_1+\arg z_2$.

例 1.1.2 设 $z_1=-1$ 和 $z_2=i$,则
$$\arg(z_1z_2)=\arg(-i)=-\frac{\pi}{2},$$
但是
$$\arg z_1+\arg z_2=\pi+\frac{\pi}{2}=\frac{3\pi}{2}. \qquad \square$$

根据式(1.1.23),对于非零复数 $z=r\cos\theta+ir\sin\theta=r(\cos\theta+i\sin\theta)$,可确定其逆或倒数 $z^{-1}=\dfrac{1}{z}$ 的三角表示:
$$z^{-1}=\frac{1}{r}[\cos(-\theta)+i\sin(-\theta)].$$
因此,由 $\dfrac{z_1}{z_2}=z_1z_2^{-1}$ 可得两个非零复数商的三角表示:

$$\frac{z_1}{z_2}=\frac{r_1}{r_2}[\cos(\theta_1-\theta_2)+\mathrm{i}(\sin\theta_1-\theta_2)]. \tag{1.1.25}$$

思考 对两个非零复数 z_1,z_2，是否有恒等式 $\operatorname{Arg}\frac{z_1}{z_2}=\operatorname{Arg}z_1-\operatorname{Arg}z_2$ 及等式 $\arg\frac{z_1}{z_2}=\arg z_1-\arg z_2$ 成立？

记
$$\mathrm{e}^{\mathrm{i}\theta}=\cos\theta+\mathrm{i}\sin\theta. \tag{1.1.26}$$

式(1.1.26)称为欧拉公式，涉及复指数运算．我们将在以后证明，欧拉公式对任何实数甚至复数 θ 都成立，但目前将 $\mathrm{e}^{\mathrm{i}\theta}$ 当作一个整体记号看待．容易验证满足

$$\mathrm{e}^{\mathrm{i}\theta_1}\cdot\mathrm{e}^{\mathrm{i}\theta_2}=\mathrm{e}^{\mathrm{i}(\theta_1+\theta_2)},\quad \frac{\mathrm{e}^{\mathrm{i}\theta_1}}{\mathrm{e}^{\mathrm{i}\theta_2}}=\mathrm{e}^{\mathrm{i}(\theta_1-\theta_2)}.$$

记 $\mathrm{e}^{-\mathrm{i}\theta}=\mathrm{e}^{\mathrm{i}(-\theta)}$，则由上式可得 $\frac{1}{\mathrm{e}^{\mathrm{i}\theta}}=\mathrm{e}^{-\mathrm{i}\theta}$．

于是，可将复数 z 表示为
$$z=r\mathrm{e}^{\mathrm{i}\theta}, \tag{1.1.27}$$

称为复数 z 的**指数表示**，其中 θ 为 z 的任意一个辐角，但通常取辐角主值 $\arg z$．对辐角主值 $\theta=\arg z$，有
$$z=r\mathrm{e}^{\mathrm{i}(\theta+2n\pi)}\quad(n=0,\pm 1,\pm 2,\cdots). \tag{1.1.28}$$

因此，两个非零复数 $z_1=r_1\mathrm{e}^{\mathrm{i}\theta_1}$ 和 $z_2=r_2\mathrm{e}^{\mathrm{i}\theta_2}$ 相等当且仅当 $r_1=r_2$ 及 $\theta_1=\theta_2+2k\pi$，其中 k 为某整数.

例 1.1.3 复数 $z=1+\mathrm{i}$ 的三角表示和指数表示为
$$1+\mathrm{i}=\sqrt{2}\left(\cos\frac{\pi}{4}+\mathrm{i}\sin\frac{\pi}{4}\right)=\sqrt{2}\mathrm{e}^{\mathrm{i}\frac{\pi}{4}}.\qquad\square$$

例 1.1.4 写出复数
$$z=1-\cos\varphi+\mathrm{i}\sin\varphi,\quad 0<\varphi\leqslant\pi$$
的三角表示和指数表示．

解 根据表达式，有
$$\begin{aligned}z&=2\sin^2\frac{\varphi}{2}+\mathrm{i}\cdot 2\sin\frac{\varphi}{2}\cos\frac{\varphi}{2}\\ &=2\sin\frac{\varphi}{2}\left(\sin\frac{\varphi}{2}+\mathrm{i}\cos\frac{\varphi}{2}\right)\\ &=2\sin\frac{\varphi}{2}\left[\cos\left(\frac{\pi}{2}-\frac{\varphi}{2}\right)+\mathrm{i}\sin\left(\frac{\pi}{2}-\frac{\varphi}{2}\right)\right]\\ &=2\sin\frac{\varphi}{2}\mathrm{e}^{\mathrm{i}\left(\frac{\pi}{2}-\frac{\varphi}{2}\right)}.\end{aligned}$$
$\qquad\square$

根据非零复数乘积的三角表示可得非零复数乘积的指数表示．对两个非零复数 $z_1=r_1\mathrm{e}^{\mathrm{i}\theta_1}$ 和 $z_2=r_2\mathrm{e}^{\mathrm{i}\theta_2}$，有

$$z_1 z_2 = r_1 e^{i\theta_1} \cdot r_2 e^{i\theta_2} = r_1 r_2 e^{i(\theta_1+\theta_2)},$$

$$\frac{z_1}{z_2} = \frac{r_1 e^{i\theta_1}}{r_2 e^{i\theta_2}} = \frac{r_1}{r_2} e^{i(\theta_1-\theta_2)}.$$

特别地,非零复数 $z = re^{i\theta}$ 的 n 次幂为

$$z^n = r^n e^{in\theta} \quad (n = 0, \pm 1, \pm 2, \cdots). \tag{1.1.29}$$

若 $r = 1$,则公式(1.1.29)变成

$$(e^{i\theta})^n = e^{in\theta} \quad (n = 0, \pm 1, \pm 2, \cdots). \tag{1.1.30}$$

写成三角表示形式,则得

$$(\cos\theta + i\sin\theta)^n = \cos n\theta + i\sin n\theta \quad (n = 0, \pm 1, \pm 2, \cdots), \tag{1.1.31}$$

这就是著名的棣莫弗(de Moivre)公式.

练习 1.4

1. 给出下列复数的三角表示和指数表示:

(1) $1 + \sqrt{3}i$;

(2) $\dfrac{2i}{-1+i}$;

(3) $1 + 2i$.

2. 通过将左端每个式子写成指数形式,进行必要的计算,最后变成代数形式的方法,证明:

(1) $i(1-\sqrt{3}i)(\sqrt{3}+i) = 2(1+\sqrt{3}i)$;

(2) $\dfrac{5i}{2+i} = 1 + 2i$;

(3) $(\sqrt{3}+i)^6 = -64$;

(4) $(1+\sqrt{3}i)^{-10} = 2^{-11}(-1+\sqrt{3}i)$;

(5) $\dfrac{(\sqrt{3}+i)^3}{(1+i)^{10}} = \dfrac{1}{4}$.

3. 利用棣莫弗公式推导出以下三角恒等式:

(1) $\cos 3\theta = \cos^3\theta - 3\cos\theta\sin^2\theta$;

(2) $\sin 3\theta = 3\cos^2\theta\sin\theta - \sin^3\theta$.

1.1.5 共轭复数

在复平面上,与点 z 关于实轴对称的点称为 z 的**共轭**,记为 $\bar{z}$. 于是复数 $z=x+\mathrm{i}y$ 的共轭复数为 $\bar{z}=x-\mathrm{i}y$. 显然 $|\bar{z}|=|z|$. 容易验证,关于共轭复数的运算满足:

(1) $\bar{\bar{z}}=z$;   (2) $\overline{z\pm w}=\bar{z}\pm\bar{w}$;

(3) $\overline{\bar{z}\cdot \bar{w}}=\bar{z}\cdot\bar{w}$;   (4) $\overline{\left(\dfrac{z}{w}\right)}=\dfrac{\bar{z}}{\bar{w}}$ $(w\neq 0)$.

更一般地,对多个复数的代数运算 $R(a,b,c,\cdots)$ 亦满足
$$\overline{R(a,b,c,\cdots)}=R(\bar{a},\bar{b},\bar{c},\cdots).$$

另外,利用复数及其共轭可得
$$|z|^2=z\bar{z}, \quad \mathrm{Re}\, z=\frac{z+\bar{z}}{2}, \quad \mathrm{Im}\, z=\frac{z-\bar{z}}{2\mathrm{i}}.$$

利用 $|z|^2=z\bar{z}=x^2+y^2$,可将表达式 (1.1.12) 中确定的商 $\dfrac{z_1}{z_2}$ 转化为乘法:
$$\frac{z_1}{z_2}=\frac{z_1\bar{z}_2}{z_2\bar{z}_2}=\frac{z_1\bar{z}_2}{|z_2|^2}.$$

例 1.1.5 确定复数
$$w=\frac{1+z}{1-z}(z\neq 1)$$
的实部、虚部和模.

解 由于
$$w=\frac{(1+z)\overline{(1-z)}}{(1-z)\overline{(1-z)}}=\frac{(1+z)(1-\bar{z})}{|1-z|^2}=\frac{1-\bar{z}+z-z\bar{z}}{|1-z|^2}$$
$$=\frac{1-|z|^2+2\mathrm{i}\,\mathrm{Im}\, z}{|1-z|^2}.$$

因此
$$\mathrm{Re}\, w=\frac{1-|z|^2}{|1-z|^2}, \quad \mathrm{Im}\, w=\frac{2\,\mathrm{Im}\, z}{|1-z|^2}.$$

特别地,由此可知: $|z|<1 \Leftrightarrow \mathrm{Re}\, w>0$.

再由
$$|w|^2=w\bar{w}=\frac{1+z}{1-z}\cdot\frac{1+\bar{z}}{1-\bar{z}}=\frac{1+\bar{z}+z+z\bar{z}}{|1-z|^2}$$
$$=\frac{1+|z|^2+2\mathrm{Re}\, z}{|1-z|^2},$$

即知

$$|w| = \frac{\sqrt{1+|z|^2+2\mathrm{Re}\,z}}{|1-z|}.$$

练习 1.5

1. 设 $z = \dfrac{-1+3\mathrm{i}}{2-\mathrm{i}}$，求 $\bar{z}$．

2. 设复数 $z = x+y\mathrm{i}$，试确定 $\dfrac{z+2}{z-1}$ 的实部和虚部．

3. 证明：$|z_1+z_2|^2 = |z_1|^2+|z_2|^2+2\mathrm{Re}(z_1\bar{z}_2)$．

4. 证明：$|(2z+5)(\sqrt{2}-\mathrm{i})| = \sqrt{3}\,|2z+5|$．

5. 证明：$|z_1+z_2|^2 + |z_1-z_2|^2 = 2(|z_1|^2+|z_2|^2)$，并说明几何意义．

6. 设 α 是复数系数的方程
$$a_0 + a_1 z + \cdots + a_n z^n = 0$$
的一个根．证明 $\bar{\alpha}$ 必是方程
$$\bar{a}_0 + \bar{a}_1 z + \cdots + \bar{a}_n z^n = 0$$
的一个根．

7. 证明：z 是实数或者纯虚数当且仅当 $\bar{z}^2 = z^2$．

8. 求证：$\mathrm{Arg}\,z + \mathrm{Arg}\,\bar{z} = 2k\pi$，此处 k 为整数．

1.2 复数的初等运算

除了复数的四则运算及由此所得的幂运算外，这里再介绍若干复数的初等运算．

1.2.1 复数的指数运算

对任何复数 $z = x+y\mathrm{i}$，定义
$$\mathrm{e}^z = \mathrm{e}^{x+y\mathrm{i}} = \mathrm{e}^x \cdot \mathrm{e}^{y\mathrm{i}} = \mathrm{e}^x(\cos y + \mathrm{i}\sin y). \tag{1.2.1}$$

由此定义，指数运算满足如下公式：对任何复数 z_1, z_2，
$$\mathrm{e}^{z_1+z_2} = \mathrm{e}^{z_1} \cdot \mathrm{e}^{z_2}, \quad \mathrm{e}^{z_1-z_2} = \frac{\mathrm{e}^{z_1}}{\mathrm{e}^{z_2}} = \mathrm{e}^{z_1} \cdot \mathrm{e}^{-z_2}. \tag{1.2.2}$$

特别地，对任何 z 有 $\mathrm{e}^z \cdot \mathrm{e}^{-z} = 1$，从而有 $\mathrm{e}^z \neq 0$．

练习 1.6

1. 用定义验证等式(1.2.2).
2. 证明：$e^{2+3\pi i} = -e^2$.
3. 证明：$e^{z+\pi i} = -e^z$.
4. 计算 $e^{\pi i} \cdot e^{\frac{\pi}{2}i}$.

1.2.2 复数的三角运算

根据欧拉公式或式(1.2.1)的定义，对任何实数 y 有

$$e^{iy} = \cos y + i\sin y, \tag{1.2.3}$$

$$e^{-iy} = \cos y - i\sin y, \tag{1.2.4}$$

因此有

$$\cos y = \frac{e^{iy} + e^{-iy}}{2}, \quad \sin y = \frac{e^{iy} - e^{-iy}}{2i}. \tag{1.2.5}$$

按照上式，我们定义复数 z 的正弦、余弦、正切和余切依次为

$$\sin z = \frac{e^{iz} - e^{-iz}}{2i}, \quad \cos z = \frac{e^{iz} + e^{-iz}}{2},$$

$$\tan z = \frac{\sin z}{\cos z}, \quad \cot z = \frac{\cos z}{\sin z}. \tag{1.2.6}$$

根据定义和指数运算的性质，可直接验证复数的三角运算满足实数三角运算的如下公式：

$$\sin^2 z + \cos^2 z = 1,$$

$$\sin(z_1 + z_2) = \sin z_1 \cos z_2 + \cos z_1 \sin z_2,$$

$$\cos(z_1 + z_2) = \cos z_1 \cos z_2 - \sin z_1 \sin z_2.$$

练习 1.7

1. 证明：$\sin(z + 2\pi) = \sin z$.
2. 证明：$\cos(z + \pi) = -\cos z$.
3. 求 $\cos(1+i)$ 的值.

1.2.3 复数的开方运算

与实数开方运算类似,对任一复数 z,我们定义其 n 次方根是方程
$$w^n = z \tag{1.2.7}$$
的解,记为 $\sqrt[n]{z}$.

显然,0 的任意 n 次方根只能为 0,即 $\sqrt[n]{0}=0$.

现设 $z\neq 0$,则 $z=re^{i\theta}$. 显然 $w\neq 0$,故可记 $w=\rho e^{i\varphi}$,从而由式(1.2.7)有
$$\rho^n e^{in\varphi} = re^{i\theta}. \tag{1.2.8}$$
于是
$$\rho^n = r, \quad n\varphi = \theta + 2k\pi,$$
其中 k 为整数 $(k=0,\pm 1,\pm 2,\cdots)$. 因此,
$$\rho = \sqrt[n]{r}, \quad \varphi = \frac{\theta + 2k\pi}{n}.$$

注意,这里 $\sqrt[n]{r}$ 是正实数 r 的算术根,是一个正实数.

从而
$$w = \sqrt[n]{r}\, e^{i\frac{\theta+2k\pi}{n}} \quad (k=0,\pm 1,\pm 2,\cdots). \tag{1.2.9}$$

实际上,式(1.2.9)恰好给出了 n 个不同的 w 值,分别对应 $k=0,1,2,\cdots,n-1$,因此方程(1.2.7)的解,亦即非零复数 z 的 n 次方根 $\sqrt[n]{z}$:
$$(\sqrt[n]{z})_k = z_k = \sqrt[n]{r}\, e^{i\frac{\theta+2k\pi}{n}} \quad (k=0,1,2,\cdots,n-1). \tag{1.2.10}$$

例 1.2.1 求复数 $z=1$ 的平方根.

解 由于 $z=1=e^{i0}$,于是
$$\sqrt{1} = e^{i\frac{2k\pi}{2}} \quad (k=0,1).$$
从而
$$(\sqrt{1})_0 = 1, \quad (\sqrt{1})_1 = -1.$$
即复数 $z=1$ 的平方根为 ± 1.

鉴于此例之原因,在本书中,对正实数的开方运算,在不特别说明的情况下,均指算术根.

例 1.2.2 求复数 $z=-8i$ 的三次方根.

解 由于 $z=-8i=8e^{i\left(-\frac{\pi}{2}\right)}$,于是
$$\sqrt[3]{-8i} = \sqrt[3]{8}\, e^{i\frac{-\frac{\pi}{2}+2k\pi}{3}} \quad (k=0,1,2).$$

当 $k=0$ 时,得 $(\sqrt[3]{-8i})_0 = 2e^{-\frac{\pi}{6}i} = \sqrt{3}-i$;

当 $k=1$ 时,得 $(\sqrt[3]{-8i})_1 = 2e^{\frac{\pi}{2}i} = 2i$;

当 $k=2$ 时,得 $(\sqrt[3]{-8i})_2 = 2e^{\frac{7\pi}{6}i} = -\sqrt{3}-i.$

根据式(1.2.9),非零复数 z 的 n 次方根可写为
$$\sqrt[n]{z} = \sqrt[n]{|z|}\, e^{i\frac{\mathrm{Arg}\, z}{n}}. \qquad (1.2.11)$$

当点 z 绕原点逆时针旋转一周回到原来位置时,z 的辐角增加了 2π;从而绕原点逆时针旋转 n 周回到原始位置时,$\mathrm{Arg}\, z$ 增加了 $2n\pi$. 于是,$\sqrt[n]{z}$ 的值依次变化,构成了一个 n 个数的循环:

$$(\sqrt[n]{z})_0 \to (\sqrt[n]{z})_1 \to (\sqrt[n]{z})_2 \to \cdots \to (\sqrt[n]{z})_{n-1} \to (\sqrt[n]{z})_n = (\sqrt[n]{z})_0. \qquad (1.2.12)$$

一般地,我们称
$$(\sqrt[n]{z})_0 = \sqrt[n]{|z|}\, e^{i\frac{\arg z}{n}}. \qquad (1.2.13)$$

为 $\sqrt[n]{z}$ 的主值,并且在不会误解的情况下,也记为 $\sqrt[n]{z}$.

练习 1.8

1. 求复数 $z = -16$ 的四次方根.
2. 求复数 $z = 1$ 的 n 次方根.
3. 求复数 $z = 1 - \sqrt{3}\,\mathrm{i}$ 的平方根.

1.2.4 复数的对数运算

与正实数对数运算类似,对任一非零复数 z,我们定义其对数是方程
$$e^w = z \qquad (1.2.14)$$
的解,记为 $w = \mathrm{Ln}\, z$.

为确定 $w = \mathrm{Ln}\, z$ 的实部与虚部,令 $w = u + iv$,则 $e^w = e^u \cdot e^{iv}$. 从而由 $e^w = z$ 知
$$|z| = e^u, \quad v = \arg z + 2k\pi, \quad k \in \mathbf{Z}.$$
于是
$$u = \ln|z|, \quad v = \mathrm{Arg}\, z,$$
这里,$\ln|z|$ 表示以 e 为底的正实数的对数. 从而得
$$\mathrm{Ln}\, z = \ln|z| + i\mathrm{Arg}\, z \qquad (1.2.15)$$
$$= \ln|z| + i(\arg z + 2k\pi), \quad k \in \mathbf{Z}. \qquad (1.2.16)$$

式(1.2.16)表明,任一非零复数的对数有无穷多个值. 我们把 $\ln|z| + i\arg z$ 称为 $\mathrm{Ln}\, z$ 的主值,并且记为 $\ln z$:
$$\ln z = \ln|z| + i\arg z. \qquad (1.2.17)$$

例 1.2.3 求复数 $z=1-\mathrm{i}$ 的对数 $\operatorname{Ln} z$ 和其主值 $\ln z$.

解 由于 $z=1-\mathrm{i}=\sqrt{2}\mathrm{e}^{-\frac{\pi}{4}\mathrm{i}}$ 知 $|z|=\sqrt{2}$, $\arg z=-\frac{\pi}{4}$. 于是

$$\operatorname{Ln}(1-\mathrm{i})=\frac{1}{2}\ln 2+\mathrm{i}\left(-\frac{\pi}{4}+2k\pi\right), \quad k\in\mathbf{Z}.$$

其主值为

$$\ln(1-\mathrm{i})=\frac{1}{2}\ln 2-\frac{\pi}{4}\mathrm{i}. \qquad \Box$$

练习 1.9

1. 证明：$\ln(1+\mathrm{i})^2=2\ln(1+\mathrm{i})$.
2. 求复数 $z=-1-\sqrt{3}\mathrm{i}$ 的对数 $\operatorname{Ln} z$ 和其主值 $\ln z$.
3. 求 $\ln 1$ 和 $\ln(-1)$ 的值.

1.2.5 复数的一般幂运算

设 a,z 是两个复数, $z\neq 0$, 则定义

$$z^a=\mathrm{e}^{a\operatorname{Ln} z}. \qquad (1.2.18)$$

当 a 不是有理数时, 有无穷多个值. 对应 $\operatorname{Ln} z$ 的主值 $\ln z$, 得到一般幂运算的主值.

例 1.2.4 求 i^{i} 和其主值.

解 由于

$$\operatorname{Ln}\mathrm{i}=\operatorname{Ln}\mathrm{e}^{\frac{\pi}{2}\mathrm{i}}=\left(\frac{\pi}{2}+2k\pi\right)\mathrm{i}, \quad k\in\mathbf{Z},$$

因此

$$\mathrm{i}^{\mathrm{i}}=\mathrm{e}^{\mathrm{i}\operatorname{Ln}\mathrm{i}}=\mathrm{e}^{-\left(\frac{\pi}{2}+2k\pi\right)}, \quad k\in\mathbf{Z}.$$

其主值为 $\mathrm{e}^{-\frac{\pi}{2}}$. $\qquad \Box$

练习 1.10

1. 求 $(-i)^i$ 的主值.
2. 求 $(-1)^{\frac{1}{\pi}}$.
3. 证明：$(1+i)^i = e^{-\frac{\pi}{4}+2k\pi} e^{i\frac{\ln 2}{2}}$.

1.3 复平面点集

由于复平面 **C** 是将实平面 $\mathbf{R}^2$ 复化，即点 (x,y) 用复数 $z=x+yi$ 来表示后所得平面，因此实平面 $\mathbf{R}^2$ 上的点集也就复化成复平面上的点集.

在复平面上，由到给定点 z_0 的距离小于正数 δ 的点 z 形成的集合称为 z_0 的 **δ 邻域**，记为 $\Delta(z_0,\delta)$，或简记为 $\Delta(z_0)$，即

$$\Delta(z_0,\delta) = \{z \in \mathbf{C} : |z-z_0| < \delta\}.$$

同时，将去心后的邻域 $\Delta(z_0,\delta) \setminus \{z_0\}$ 叫作 z_0 的 **δ 空心邻域**，记为 $\Delta^\circ(z_0,\delta)$.

给定复平面上的一个非空点集 $E \subset \mathbf{C}$ 和一个点 $z_0 \in \mathbf{C}$. 若存在点 z_0 的一个邻域 $\Delta(z_0)$ 满足 $\Delta(z_0) \subset E$，则称 z_0 为点集 E 的一个**内点**. E 的内点形成的集合称为 E 的内部或内点集，记为 $\mathrm{Int}(E)$. 显然 $\mathrm{Int}(E) \subset E$. 若存在 z_0 的一个邻域 $\Delta(z_0)$ 满足 $\Delta(z_0) \cap E = \varnothing$，则称 z_0 为点集 E 的一个**外点**. 外点 z_0 必不属于 E. 若 z_0 既不是 E 的内点，也不是 E 的外点，则称 z_0 为点集 E 的一个**边界点**. 边界点 z_0 可能属于 E，也可能不属于 E. E 的边界点形成的集合称为 E 的边界，记为 ∂E.

若点集 E 中的每个点都是 E 的内点，则称点集 E 为**开集**.

若点集 E 中任何两点都可用含于 E 中的有限折线段相连，则称点集 E 是**连通**的.

连通开集称为**开区域**，简称**开域**或**区域**. 在本书中，除非特别说明，所提区域均指开区域，并且常用 D 表示一般的区域.

开区域与其边界的并称为**闭区域**或**闭域**，记为 $\overline{D} = D \cup \partial D$.

例如，圆盘 $\Delta(z_0,r) = \{z : |z-z_0| < r\}$ 是开域；加上边界所得闭圆盘 $\overline{\Delta}(z_0,r) = \{z : |z-z_0| \leq r\}$ 是闭域. 上半平面 $H_+ = \{z : \mathrm{Im}\, z > 0\}$ 和右半平面 $\{z : \mathrm{Re}\, z > 0\}$ 都是开域. 整个平面 **C** 既是开域也是闭域.

给定复平面上的一个非空点集 $E \subset \mathbf{C}$ 和一个点 $z_0 \in \mathbf{C}$. 若在 z_0 的任何空心邻域 $\Delta^\circ(z_0,\delta)$ 内都含有 E 中的点，则称 z_0 是 E 的一个**聚点**或**极限点**.

聚点 z_0 可能属于 E,也可能不属于 E. E 的聚点形成的集合称为**聚点集**或**导集**,记为 E'. 聚点集可以是空集.

若 E 的聚点集 $E' \subset E$,则称点集 E 是**闭集**.

例如,任何闭域都是闭集. 另外,任何点集 $E \subset \mathbf{C}$ 的边界 ∂E 总是闭集.

若存在正数 M 使得对任意 $z \in E$ 有 $|z| \leqslant M$,则称集合 E 是**有界集**.

对有界集 $E \subset \mathbf{C}$,称

$$d(E) = \sup\{|z-w| : z, w \in E\} < +\infty$$

为点集 E 的**直径**.

当实平面 $\mathbf{R}^2$ 复化成复平面 $\mathbf{C}$ 后,实平面曲线也就成为复平面曲线. 在实平面上,连续曲线通常可表示为

$$\begin{cases} x = x(t), \\ y = y(t), \end{cases} t \in I.$$

这里,实函数 $x(t), y(t)$ 于区间 I 连续. 因此,在复平面上连续曲线方程就可表示为

$$z = z(t) = x(t) + \mathrm{i}y(t), \quad t \in I.$$

若 I 是一个闭区间 $[\alpha, \beta]$,并且始点 $z(\alpha)$ 与终点 $z(\beta)$ 重合,则曲线称为**闭曲线**. 若连续曲线自身不相交,则曲线称为**简单曲线**或**若尔当(Jordan)曲线**. 若曲线上每一点处都有切线且切线连续变化,则曲线称为**光滑曲线**. 由有限条光滑曲线连接而得的曲线称为**分段光滑曲线**. 例如,有限条线段连接而成的折线是分段光滑曲线.

例 1.3.1 过点 $z_1, z_2 \in \mathbf{C}$ 的直线的参数方程可表示为

$$z = z_1 + t(z_2 - z_1), \quad -\infty < t < +\infty.$$

连接两点 $z_1, z_2 \in \mathbf{C}$ 的线段的参数方程为

$$z = z_1 + t(z_2 - z_1), \quad 0 \leqslant t \leqslant 1.$$

显然,直线与线段都是简单曲线.

以点 z_0 为圆心,r 为半径的圆周的参数方程为

$$z = z_0 + r\cos\theta + \mathrm{i}r\sin\theta, \quad 0 \leqslant \theta \leqslant 2\pi.$$

圆周是简单闭曲线. □

直线与圆周的方程也可不借助参数表示. 例如,圆周按其定义可表示为

$$|z - z_0| = r.$$

而直线的方程一般可表示为如下形式:

$$\bar{\beta}z + \beta\bar{z} + c = 0,$$

其中 β 为非零复数,c 为实数. 事实上,由于直角坐标平面上直线的方程一般为 $ax + by + c = 0$,因此转换到复平面上,其方程为

$$a\frac{z+\bar{z}}{2} + b\frac{z-\bar{z}}{2\mathrm{i}} + c = 0.$$

记 $\beta=\dfrac{1}{2}(a+bi)$，即得上述形式.

过点 $z_1,z_2\in\mathbf{C}$ 的直线方程为
$$(\overline{z_2-z_1})(z-z_1)-(z_2-z_1)(\overline{z-z_1})=0.$$

简单闭曲线的一个重要性质是所谓的**若尔当定理**：复平面上任何一条简单闭曲线 C 将复平面划分为互不相交的三部分，即 C 的内部有界区域 $I(C)$、C 自身、C 的外部无界区域 $E(C)$，使得内外部不连通：连接内部任意一点和外部任意一点的简单折线必与曲线 C 相交.

若尔当定理具有很清晰的直观性，但证明需要拓扑学知识（本书从略）.

设 D 是一个区域. 若对任何简单闭曲线 $C\subset D$，其内部 $I(C)\subset D$，则称 D 为**单连通区域**. 直观地说，无洞区域是单连通区域. 不是单连通区域就称为多连通区域. n 个洞的区域叫作 $n+1$ 连通区域. 例如，圆盘单连通，圆环 2 连通.

在复平面 $\mathbf{C}$ 上添加一个无穷远点 ∞，则得到扩充复平面 $\overline{\mathbf{C}}=\mathbf{C}\cup\{\infty\}$. 为了使无穷远点 ∞ 形象化，可以考虑复平面穿过以 $z=0$ 为中心的单位球面 $x^2+y^2+w^2=1$ 的赤道，如图 1-5 所示. 复平面上的每个点 $z=x+yi$ 都对应着球面上的一个点 P. 点 P 是经过点 z 和球的北极点 $N(0,0,1)$ 的直线与球面的交点. 同样地，球面上的每个点 P，除了北极 N，在平面上正好对应一个点 z. 通过让球面的北极 N 对应无穷远点 ∞，我们就得到了球面上的点与扩充复平面上的点之间一一对应的关系. 这个单位球面称为黎曼球面. 这种对应关系称为**球极平面投影**.

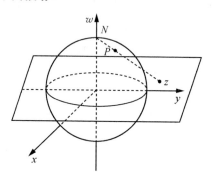

图 1-5

球极平面投影将复平面上以原点为中心的单位圆的外部对应于去掉北极点 N 后的上半球面；对于充分小的正数 δ，复平面上圆 $|z|=1/\delta$ 的外部点对应于球面上靠近北极点 N 的点. 因此我们称集合 $\{z:|z|>1/\delta\}$ 为 ∞ 的 δ 邻域，记为 $\Delta(\infty,\delta)$.

需要指出的是，在后续内容中的复数或点，在不特别说明的情况下，都指有限复数或复平面上的有限点.

练习 1.11

1. 画出下列点集,并指出哪些既是连通的又是开集(区域):
   (1) $|z-2+i|<1$;
   (2) $|2z-3|\geqslant 4$;
   (3) $\operatorname{Im} z>1$;
   (4) $0\leqslant \arg z\leqslant \dfrac{\pi}{4}$.

2. 指出下列点集的聚点:
   (1) $z_n=i^n(n=1,2,\cdots)$;
   (2) $z_n=\dfrac{i^n}{n}(n=1,2,\cdots)$;
   (3) $0\leqslant \arg z<\dfrac{\pi}{2}$;
   (4) $z_n=\dfrac{(-1)^n(1+i)(n-1)}{n}$.

3. 设集合 $S=\Delta(0,1)\bigcup\Delta(2,1)$,解释 S 为什么不是连通点集.

4. 指出下列曲线的名称:
   (1) $z=a\cos t+ib\sin t$,a,b 是不为 0 的参数;
   (2) $z=t+\dfrac{i}{t}$(t 是实参数).

5. 证明:复平面上圆的方程可写作 $z\bar{z}+\alpha\bar{z}+\bar{\alpha}z+C=0$,其中 α 为复数,C 为实数.

1.4 复变函数

1.4.1 复变函数的定义及基本性质

复变函数的定义在形式上与数学分析中一元函数的定义是完全相同的,只是自变量和因变量都取复数值.

定义 1.4.1 设 $E\subset \mathbf{C}$ 为一非空复数集.如果在某对应法则 f 下,对任何 $z\in E$,都存在唯一的数 $w\in \mathbf{C}$ 与之对应,那么称在 E 上确定了一个(单值)函数

$$f:E\to \mathbf{C}$$
$$z\mapsto w.$$

常简记为
$$w=f(z), \quad z\in E.$$
数集 E 称为函数 f 的**定义域**,数 w 称为数 z 在 f 下的**像**,数 z 称为数 w 在 f 下的**原像**. 全体像组成的集合称为**值域**,记为 $f(E)=\{w=f(z):z\in E\}$.

本书中,在不特别指明的情况下,函数的定义域一般就指**存在域**(使表达式运算有意义的点的集合)而省略.

例 1.4.1 如下诸函数
$$w=|z|, \quad w=\bar{z}, \quad w=z^2$$
在整个复平面 **C** 上有定义;函数
$$w=\frac{z+1}{z}, \quad w=\arg z$$
在 $\mathbf{C}\setminus\{0\}$ 上有定义.

注意,对函数 $w=z^2$,像 $w=1$ 有两个原像 $z=\pm 1$. 因此一般而言,像 w 的原像未必唯一.

根据函数定义,可将函数 $w=f(z),z\in E$ 看作是从复 z 平面上点集 E 到复 w 平面的**映射**或**变换**. 若 w 平面点集 $F\subset\mathbf{C}$ 满足 $f(E)\subset F$,则称变换 $w=f(z),z\in E$ 是 E 到 F 的**入变换**;若 w 平面点集 $F\subset\mathbf{C}$ 满足 $f(E)\supset F$,则称变换 $w=f(z),z\in E$ 是 E 到 F 的**上变换**.

与数学分析中的实函数一样,对复函数也可以定义四则运算和复合运算. 由于形式一致,本书从略.

定义 1.4.2 设有函数(变换)$w=f(z),z\in E$. 若对任何 $w\in f(E)$,存在唯一的 $z\in E$ 使得 $w=f(z)$,则称由此确定的函数
$$f(E) \to E,$$
$$w \mapsto z$$
为函数(变换)$w=f(z),z\in E$ 的**反函数**(**逆变换**),记为
$$z=f^{-1}(w), \quad w\in f(E).$$
显然对任何 $w\in f(E)$ 有 $f[f^{-1}(w)]=w$,以及对任何 $z\in E$ 有 $f^{-1}[f(z)]=z$,即
$$f\circ f^{-1}=\mathrm{id}_w, \quad f^{-1}\circ f=\mathrm{id}_z. \tag{1.4.1}$$

例 1.4.2 在变换 $w=z^2$ 之下,z 平面上的曲线 $x^2-y^2=1$、圆盘 $\Delta(0,1)$ 各自变换成 w 平面上的何种点集?

解 设 $z=x+\mathrm{i}y,w=u+\mathrm{i}v$,则由 $w=z^2$ 知 $u+\mathrm{i}v=x^2-y^2+2xy\mathrm{i}$,从而
$$u=x^2-y^2, \quad v=2xy.$$
于是,z 平面上的双曲线 $x^2-y^2=1$ 的像集是 w 平面上的直线 $u=1$.
由 $|w|=|z|^2$ 知,z 平面上的圆盘 $\Delta(0,1)$ 的像集是 w 平面上的圆盘

$\Delta(0,1)$.

上述例子中,由函数 $w=z^2$ 得到了两个函数 $u=x^2-y^2, v=2xy$. 这对一般的复变函数也成立. 事实上,对复变函数 $w=f(z)$,可得对应

$$(x,y) \mapsto z=x+\mathrm{i}y \mapsto w=f(z) \mapsto u=\mathrm{Re}\ w,$$

由此确定的二元实函数 $u=u(x,y)$ 叫作复变函数 $w=f(z)$ 的**实部**. 同样,由对应

$$(x,y) \mapsto z=x+\mathrm{i}y \mapsto w=f(z) \mapsto v=\mathrm{Im}\ w$$

确定的二元实函数 $v=v(x,y)$ 叫作复变函数 $w=f(z)$ 的**虚部**. 于是

$$u(x,y)=\mathrm{Re}\ f(x+\mathrm{i}y), \quad v(x,y)=\mathrm{Im}\ f(x+\mathrm{i}y),$$

即有

$$f(z)=u(x,y)+\mathrm{i}v(x,y), \quad z=x+\mathrm{i}y \in E.$$

若用复数的三角表示或指数表示,则可表示 f 为

$$f(z)=U(r,\theta)+\mathrm{i}V(r,\theta), \quad z=r(\cos\theta+\mathrm{i}\sin\theta)=r\mathrm{e}^{\mathrm{i}\theta} \in E.$$

练习 1.12

1. 指出下列函数的存在域:

(1) $f(z)=\dfrac{1}{z^2-1}$; (2) $f(z)=\dfrac{z}{z-\bar{z}}$;

(3) $f(z)=\dfrac{1}{1-|z|^2}$; (4) $f(z)=z+\dfrac{1}{z}$.

2. 设 $f(z)=z^3, z=x+\mathrm{i}y$,写出 $f(z)$ 的实部 $u(x,y)$ 和虚部 $v(x,y)$.

3. 设 $f(z)=z^2+z+1, z=r\cos\theta+\mathrm{i}r\sin\theta$,写出 $f(z)$ 的实部 $u(r,\theta)$ 和虚部 $v(r,\theta)$.

4. 设函数 $f(z)=x^2-y^2-2y+\mathrm{i}(2x-2xy)$,其中 $z=x+\mathrm{i}y$,利用表达式

$$x=\dfrac{z+\bar{z}}{2}, \quad y=\dfrac{z-\bar{z}}{2\mathrm{i}}$$

把 $f(z)$ 用 z 表示,并化简.

5. 函数 $w=\dfrac{1}{z}$ 把下列 z 平面上的曲线映射成 w 平面上怎样的曲线?

(1) $x^2+y^2=4$; (2) $y=x$;

(3) $x=1$; (4) $(x-1)^2+y^2=1$.

1.4.2 复变函数的极限及其基本性质

定义 1.4.3 设有函数(变换)$w=f(z)$,$z\in E$ 及 z_0 为 E 的一个聚点. 若存在数 $A\in \mathbf{C}$ 满足:对任何正数 ε,存在正数 δ,使得当 $z\in\Delta^\circ(z_0,\delta)\cap E$ 时有

$$|f(z)-A|<\varepsilon, \tag{1.4.2}$$

则称函数 f 当自变量 z 沿 E 趋于点 z_0 时有**极限 A**,简称函数 f 沿 E 在点 z_0 处有**极限 A**,记为

$$\lim_{z\to z_0,z\in E} f(z)=A. \tag{1.4.3}$$

极限表达式也常记为

$$f(z)\to A \quad (z\to z_0,z\in E).$$

极限表达式中,在不引起混淆的情况下,经常省略"$z\in E$".

与数学分析中函数的极限一样,复变函数的极限也有如下的一些性质:

① 唯一性:极限若存在,则必唯一.

② 局部有界性:若 f 沿 E 在点 z_0 处有极限 A,则 f 在某空心邻域 $\Delta^\circ(z_0)\cap E$ 内有界.

③ 局部保非零性:若 f 沿 E 在点 z_0 处有极限 $A\neq 0$,则 f 在某空心邻域 $\Delta^\circ(z_0)\cap E$ 内不取 0.

④ 四则运算法则.

由于极限定义中的 $z\in\Delta^\circ(z_0,\delta)$,即 $0<|z-z_0|<\delta$ 等价于 $0<\sqrt{(x-x_0)^2+(y-y_0)^2}<\delta$,因此从定义即知:若函数 f 沿 E 在点 z_0 处有极限 A,则函数 f 的实部与虚部当自变量 (x,y) 沿实平面点集 $E\subset\mathbf{R}^2$ 趋于点 (x_0,y_0) 时分别有极限 $a=\operatorname{Re} A$ 和 $b=\operatorname{Im} A$. 反之也成立.

在定义 1.4.3 中,z_0 可以是无穷原点 ∞. 另外,我们也可定义非正常极限:

$$\lim_{z\to z_0,z\in E} f(z)=\infty. \tag{1.4.4}$$

练习 1.13

1. 设 $f(z)=z+\mathrm{i}z^2$,证明:$\lim_{z\to 1} f(z)=1+\mathrm{i}$.

2. 用定义证明 $\lim_{z\to z_0}\overline{z}=\overline{z_0}$.

3. 叙述极限 $\lim_{z\to\infty,z\in E} f(z)=A$ 的定义,并证明 $\lim_{z\to\infty}\dfrac{z+1}{z^2}=0$.

4. 讨论下列极限是否存在：

(1) $\lim\limits_{z\to 0}\dfrac{\mathrm{Re}\,z}{z}$；

(2) $\lim\limits_{z\to\infty}\dfrac{1}{1+z^2}$；

(3) $\lim\limits_{z\to 0}\dfrac{\bar z}{z}$.

5. 利用复变函数和二元实函数之间的关系，建立两者之间极限的关系.

1.4.3 连续复变函数及其基本性质

仍然与一元实函数类似，借助极限可定义函数的连续性.

定义 1.4.4 设有函数（变换）$w=f(z),z\in E$ 及点 $z_0\in E$. 若对任何正数 ε，存在正数 δ，使得当 $z\in\Delta(z_0,\delta)\bigcap E$ 时有
$$|f(z)-f(z_0)|<\varepsilon, \tag{1.4.5}$$
则称函数（变换）f 沿 E 于点 z_0 **连续**. 在不混淆时，简称 f 于点 z_0 连续.

在连续点处，复变函数也有相应局部性质：局部有界性、局部保非零性、四则运算法则和复合运算法则等. 特别地，实部、虚部也都连续：若 f 于点 $z_0=x_0+\mathrm{i}y_0$ 连续，则其实部 $u(x,y)=\mathrm{Re}\,f(z)$ 和虚部 $v(x,y)=\mathrm{Im}\,f(z)$ 于点 (x_0,y_0) 都连续；反之亦成立.

进一步地，如果函数（变换）f 沿 E 于点集 $F\subset E$ 中任何一点连续，则称该函数 f 沿 E 于点集 F 连续. 根据上述局部性质，连续函数的四则运算（除法时分母不为零）和复合运算所得函数仍然连续.

与数学分析中实连续函数一样，有界闭集上的复连续函数也具有如下性质：有界性和一致连续性. 复连续函数的模在有界闭集上具有最大与最小值，称为**最大模**与**最小模**.

练习 1.14

1. 证明：函数 $f(z)=z^2+1$ 在复平面上任意一点处连续.
2. 证明：函数 $f(z)=\mathrm{e}^{xy}+\mathrm{i}\sin x^2$ 在复平面上处处连续.
3. 证明：函数 $f(z)=\bar z$ 在复平面上处处连续.
4. 证明：函数 $f(z)=\arg z$ 在负实轴（含原点）上不连续.
5. 利用复变函数和二元实函数之间的关系，建立两者之间连续的关系.

第二章 解析函数

2.1 解析函数的定义

复变函数 $w=f(z)$ 在形式上与一元实函数 $y=f(x)$ 是一样的,因此同样可以通过自变量改变量与相应的函数改变量的商的变化情况来考虑复变函数的可导性.

定义 2.1.1 设函数 $w=f(z)$ 在点 z_0 的某邻域内有定义. 如果极限

$$\lim_{z \to z_0} \frac{f(z)-f(z_0)}{z-z_0} \left(或等价的 \lim_{\Delta z \to 0} \frac{f(z_0+\Delta z)-f(z_0)}{\Delta z} \right) \qquad (2.1.1)$$

存在,则称函数 f 在点 z_0 处**可导**,上述极限值称为 f 在点 z_0 处的**导数**,记作 $f'(z_0)$,即

$$f'(z_0) = \lim_{z \to z_0} \frac{f(z)-f(z_0)}{z-z_0} = \lim_{\Delta z \to 0} \frac{f(z_0+\Delta z)-f(z_0)}{\Delta z}. \qquad (2.1.2)$$

由定义容易看出,函数在可导点处必连续,但连续点处未必可导. 例如函数 $w=\bar{z}$ 于 **C** 中任一点 z_0 连续,但由于极限

$$\lim_{z \to z_0} \frac{\bar{z}-\bar{z_0}}{z-z_0} = \lim_{z \to z_0} \overline{\frac{z-z_0}{z-z_0}}$$

不存在而在任一点 z_0 处不可导. 注意,在数学分析中处处连续但处处不可导的函数不太容易找到.

类似于数学分析中导数的性质,我们同样可证明四则运算法则和复合运算法则:

四则运算法则 若函数 f 和 g 都在点 z_0 处可导,则四则运算 $f \pm g$、$f \cdot g$ 和 f/g 在点 z_0 处也都可导[除法运算时,设 $g(z_0) \neq 0$],并且

$$(f \pm g)'(z_0) = f'(z_0) \pm g'(z_0), \qquad (2.1.3)$$

$$(f \cdot g)'(z_0) = f'(z_0) \cdot g(z_0) + f(z_0) \cdot g'(z_0), \qquad (2.1.4)$$

$$\left(\frac{f}{g}\right)'(z_0) = \frac{f'(z_0) \cdot g(z_0) - f(z_0) \cdot g'(z_0)}{g^2(z_0)}. \qquad (2.1.5)$$

复合运算法则 若函数 g 在点 z_0 处可导,函数 f 在点 $w_0 = g(z_0)$ 处可导,则复合运算 $f \circ g$ 在点 z_0 处也可导,并且

$$\begin{aligned}(f \circ g)'(z_0) &= f'(w_0) \cdot g'(z_0) = f'[g(z_0)] \cdot g'(z_0) \\ &= (f' \circ g)(z_0) \cdot g'(z_0).\end{aligned} \qquad (2.1.6)$$

需要指出的是,尽管复变函数的导数在形式上与实变一元函数的导数完全一致,但本质上两者之间却有着极大的不同.在实函数情形,自变量 x(动点)只能沿着实轴上(两个固定的方向)趋于点 x_0;但在复函数情形,自变量 z(动点)在复平面上可以任何方式趋于点 z_0.后者连确切的方向都没有,因此后者中动点趋于定点的方式比前者要强很多很多,也因此复变函数的可导将给函数带来更多的性质.

与一元实函数类似,也同样可定义复变函数 f 在一点处的可微性.

定义 2.1.2 设函数 $w = f(z)$ 在点 z_0 的某邻域内有定义.如果存在常数 A 使得

$$\Delta f = f(z_0 + \Delta z) - f(z_0) = A \Delta z + o(\Delta z), \qquad (2.1.7)$$

则称函数 $f(z)$ 在点 z_0 处**可微**,量 $A \Delta z$ 称为 $f(z)$ 在点 z_0 处的**微分**,记作 $\mathrm{d}f|_{z=z_0}$,即

$$\mathrm{d}f|_{z=z_0} = A \Delta z. \qquad (2.1.8)$$

易知 $f(z) = z$ 在复平面上任一点 z_0 处可微,且 $\mathrm{d}f|_{z=z_0} = \Delta z$,因此常写 $\Delta z = \mathrm{d}z$.

容易验证,函数 $f(z)$ 在点 z_0 处可微当且仅当 $f(z)$ 在点 z_0 处可导,并且 $A = f'(z_0)$,从而有

$$\mathrm{d}f|_{z=z_0} = f'(z_0) \Delta z = f'(z_0) \mathrm{d}z. \qquad (2.1.9)$$

如果一个函数 f 在区域 D 内的每个点处都可导或可微,则称函数 f 于区域 D **可导**或**可微**,f 的微分记作

$$\mathrm{d}f(z) = f'(z) \Delta z = f'(z) \mathrm{d}z.$$

此时也称函数 f 于区域 D **解析**(或**全纯**或**正则**),或者称函数 f 是区域 D 上的**解析函数**(或**全纯函数**或**正则函数**).在整个复平面上解析的函数称为**整函数**.

为方便起见,如果函数 f 在点 z_0 的某个邻域内解析,那么我们称函数 f 在点 z_0 处解析.

若函数 $f(z)$ 在点 z_0 不解析,但在点 z_0 的任何邻域内总有 $f(z)$ 的解析点,则称 z_0 为函数 $f(z)$ 的**奇点**.

容易验证,解析函数的微分运算满足四则运算法则和复合运算法则,其形式与一元实可微函数的运算法则完全相同.

例 2.1.1 对给定的正整数 n，幂函数 z^n 于 **C** 解析，并且
$$(z^n)' = nz^{n-1}.$$

证明 在任一点 z 处，由于
$$\lim_{\Delta z \to 0} \frac{(z+\Delta z)^n - z^n}{\Delta z} = \lim_{\Delta z \to 0}[C_n^1 z^{n-1} + C_n^2 z^{n-2}\Delta z + \cdots + (\Delta z)^{n-1}]$$
$$= C_n^1 z^{n-1} = nz^{n-1},$$

因此命题得证.

练习 2.1

1. 计算下列函数的导数：

   (1) $f(z) = \dfrac{z-1}{2z+1}$； (2) $f(z) = (1-4z^2)^3$.

2. 利用导数定义证明 $\left(\dfrac{1}{z}\right)' = -\dfrac{1}{z^2}$.

3. 利用导数定义证明函数 $f(z) = \dfrac{1}{\bar{z}}$ 在复平面上处处不可导.

4. 利用本节知识讨论下列函数在复平面上的可微性：
   (1) $f(z) = |z^2|$； (2) $f(z) = \operatorname{Re} z$；
   (3) $f(z) = \operatorname{Im} z$.

2.2 柯西-黎曼方程

由于复变函数 f 可由其实部与虚部所决定：
$$w = f(z) = u(x,y) + iv(x,y), \quad z = x + iy. \tag{2.2.1}$$
并且有 $f(z) = \bar{z} = x + i(-y)$ 这样处处不解析的函数，因此，需要我们去考虑用实部和虚部来刻画函数的可微或解析的条件.

现在设 f 在点 $z_0 = x_0 + iy_0 \in D$ 处可微，则按照定义 2.1.2 及式(2.1.9)，有
$$f(z_0 + \Delta z) = f(z_0) + f'(z_0)\Delta z + o(\Delta z). \tag{2.2.2}$$
设 $f'(z_0) = a + ib$，记 $\Delta z = \Delta x + i\Delta y$，则由式(2.2.2)得
$$u(x_0+\Delta x, y_0+\Delta y) + iv(x_0+\Delta x, y_0+\Delta y)$$
$$= u(x_0, y_0) + iv(x_0, y_0) + (a+ib)(\Delta x + i\Delta y) + o(\Delta z). \tag{2.2.3}$$
比较两边的实部与虚部得

$$u(x_0+\Delta x, y_0+\Delta y) = u(x_0, y_0) + a\Delta x - b\Delta y + o(\rho), \quad (2.2.4)$$

$$v(x_0+\Delta x, y_0+\Delta y) = v(x_0, y_0) + b\Delta x + a\Delta y + o(\rho), \quad (2.2.5)$$

其中 $\rho = |\Delta z| = \sqrt{\Delta x^2 + \Delta y^2}$. 式(2.2.4)和式(2.2.5)表明,实部与虚部函数 u 和 v 在点 (x_0, y_0) 处可微,并且偏导数满足

$$u_x(x_0, y_0) = a, \quad u_y(x_0, y_0) = -b, \quad (2.2.6)$$
$$v_x(x_0, y_0) = b, \quad v_y(x_0, y_0) = a.$$

即

$$u_x(x_0, y_0) = v_y(x_0, y_0), \quad u_y(x_0, y_0) = -v_x(x_0, y_0). \quad (2.2.7)$$

由于上述过程是可逆的,因此得到如下定理.

定理 2.2.1 复变函数(2.2.1)在点 $z_0 = x_0 + \mathrm{i}y_0 \in D$ 处可微的充要条件为实部与虚部函数 u 和 v 在点 (x_0, y_0) 处可微,并且满足式(2.2.7). □

注意,实部与虚部函数 u 和 v 在点 (x_0, y_0) 处的可微性可通过判断偏导函数 u_x, u_y 和 v_x, v_y 在点 (x_0, y_0) 处的连续性来确定.

定理 2.2.2 复变函数(2.2.1)于区域 $D \subset \mathbf{C}$ 解析的充要条件为实部与虚部函数 u 和 v 于区域 $D \subset \mathbf{R}^2$ 可微,并且满足

$$u_x = v_y, \quad u_y = -v_x. \quad (2.2.8)$$

另外,解析函数的导数满足

$$f'(z) = u_x + \mathrm{i}v_x. \quad (2.2.9)$$

□

偏微分方程组(2.2.8)称为**柯西-黎曼(Cauchy-Riemann)方程**,简记为 **C-R方程**.

例 2.2.1 讨论函数 $f(z) = z^2$ 的解析性.

解 设 $z = x + \mathrm{i}y$, 则

$$f(z) = z^2 = (x + \mathrm{i}y)^2 = x^2 - y^2 + 2xy\mathrm{i}.$$

因此实部 $u(x, y) = x^2 - y^2$, 虚部 $v(x, y) = 2xy$. 容易看出 u, v 都于整个实平面可微并且满足 C-R 方程,于是,函数 $f(z) = z^2$ 于整个复平面解析. □

例 2.2.2 讨论函数 $f(z) = z|z|^2$ 的解析性.

解 设 $z = x + \mathrm{i}y$, 则

$$f(z) = z|z|^2 = (x + \mathrm{i}y)(x^2 + y^2) = x(x^2 + y^2) + \mathrm{i}y(x^2 + y^2).$$

因此实部 $u(x, y) = x(x^2 + y^2)$, 虚部 $v(x, y) = y(x^2 + y^2)$. 容易看出 u, v 都于整个实平面可微. 但是

$$u_x = 3x^2 + y^2, \quad u_y = 2xy, \quad v_x = 2xy, \quad v_y = x^2 + 3y^2,$$

因此仅在原点 $(0, 0)$ 处满足 C-R 方程. 从而函数 $f(z) = z|z|^2$ 于整个复平面处处不解析. 但注意,该函数在点 $z = 0$ 处可微. □

练习 2.2

1. 利用本节知识讨论下列函数在复平面上的可微性：

   (1) $f(z) = iz + 5$；　　　　(2) $f(z) = x^2 + iy^2$；

   (3) $f(z) = \dfrac{1}{z}$.

2. 利用本节知识证明下列函数在复平面上处处不可微：

   (1) $f(z) = z - \bar{z}$；　　　　(2) $f(z) = 2x + ixy^2$；

   (3) $f(z) = e^x e^{-iy}$.

3. 利用本节知识证明下列函数在复平面上解析，并求 $f'(z)$：

   (1) $f(z) = 3x + y + i(3y - x)$；

   (2) $f(z) = e^{-y}\sin x - ie^{-y}\cos x$；

   (3) $f(z) = e^x(x\cos y - y\sin y) + ie^x(y\cos y + x\sin y)$.

4. 设函数 $f(z)$ 在区域 D 内解析，证明：若 $f(z)$ 在区域 D 内满足下列条件之一，则 $f(z)$ 在区域 D 内恒为常数.

   (1) $f'(z) = 0$；

   (2) $\overline{f(z)}$ 也在区域 D 内解析；

   (3) $\mathrm{Re}\, f(z) = c$ 或 $\mathrm{Im}\, f(z) = c$，其中 c 为常数；

   (4) $|f(z)| = M$，其中 M 为常数.

5. 设 $z = r(\cos\theta + i\sin\theta), f(z) = u(r,\theta) + iu(r,\theta)$ 在区域 D 内解析，写出柯西-黎曼方程的极坐标表示形式.

2.3 初等解析函数

根据解析函数的基本性质，我们已经知道多项式在全平面上解析，有理函数在全平面上除去分母为零的点外也解析. 本节将给出复变量的其他初等函数.

2.3.1 指数函数

由复平面 **C** 到 **C** 的对应

$$z \to e^z \tag{2.3.1}$$

确定的函数常称为**指数函数**,即
$$e^z = e^{x+iy} = e^x(\cos y + i\sin y). \tag{2.3.2}$$

指数函数 e^z 具有以下重要性质:

① 当变量 z 取实值时,指数函数 e^z 的值与实指数函数一致.

② $|e^z| = e^x > 0$. 特别地,由此可知指数函数 e^z 不取零值:对任何 $z \in \mathbf{C}$ 有 $e^z \neq 0$.

③ 指数函数 e^z 于整个复平面解析,并且
$$(e^z)' = e^z. \tag{2.3.3}$$

证明 按照定理 2.2.2,我们需要验证实部与虚部函数
$$u(x,y) = e^x \cos y, \quad v(x,y) = e^x \sin y$$
于整个平面 $\mathbf{R}^2$ 可微并且满足 C-R 方程. 由于
$$u_x = e^x \cos y, \quad u_y = -e^x \sin y, \quad v_x = e^x \sin y, \quad v_y = e^x \cos y$$
在整个平面 $\mathbf{R}^2$ 上连续,从而 u,v 于整个平面 $\mathbf{R}^2$ 可微并且满足 C-R 方程.

④ 满足运算法则:
$$e^{z+w} = e^z \cdot e^w, \quad e^{z-w} = \frac{e^z}{e^w}. \tag{2.3.4}$$

证明 按定义直接验证即可.

⑤ 指数函数 e^z 是以 $2\pi i$ 为基本周期的周期函数.

注 称一个复函数 $f:D \to \mathbf{C}$ 是一个周期函数,如果存在一个非零复数 T 使得对任何 $z \in D$ 有 $z \pm T \in D$ 且 $f(z+T) = f(z)$. 非零数 T 称为该函数的一个周期. 若有某个周期 T_0 使得其他所有周期都可表示为 T_0 的整数倍的形式,则 T_0 叫作**基本周期**.

证明 容易验证对任何 z 有 $e^{z+2\pi i} = e^z$,因此指数函数 e^z 是周期函数. 设 T 是其任一周期,则对任何 z 有 $e^{z+T} = e^z$. 令 $z=0$ 得 $e^T = 1$. 设 $T = a + bi$,这里 a,b 是实数,则由 $|e^T| = e^a$ 知 $e^a = 1$,从而 $a = 0$. 于是由 $e^T = 1$ 知 $e^{ib} = 1$. 从而由欧拉公式知 $\cos b = 1$ 及 $\sin b = 0$. 由此即知 b 是 2π 的整数倍,也因而 $T = ib$ 是 $2\pi i$ 的整数倍. 故 $2\pi i$ 为 e^z 的基本周期.

练习 2.3

1. 设 $z = x + iy$,计算:
   (1) $|e^{i-2z}|$;
   (2) $|e^{z^2}|$.

2. 计算下列算式的值:
   (1) e^{2+i};
   (2) $e^{k\pi i}$;
   (3) $e^{(2-\pi i)/3}$;
   (4) $e^{(1-\pi i)/2}$.

3. 证明：若 e^z 是实数，则 $\text{Im } z = k\pi, k = 0, \pm 1, \pm 2, \cdots$.

4. 证明：$|e^{z^2}| \leqslant e^{|z|^2}$.

2.3.2 三角函数

复平面上的正弦和余弦函数，根据复数的三角运算分别定义为

$$\sin z = \frac{e^{iz} - e^{-iz}}{2i}, \quad \cos z = \frac{e^{iz} + e^{-iz}}{2}. \tag{2.3.5}$$

它们具有如下的性质：

① 当变量 z 取实值时，与实正弦、余弦函数一致.

② 都是复平面上的解析函数，并且

$$(\sin z)' = \cos z, \quad (\cos z)' = -\sin z. \tag{2.3.6}$$

③ $\cos z$ 是偶函数，$\sin z$ 是奇函数，并且满足实正弦、余弦函数满足的恒等式，如：

$$\sin^2 z + \cos^2 z = 1, \tag{2.3.7}$$

$$\sin(z+w) = \sin z \cos w + \cos z \sin w. \tag{2.3.8}$$

④ 复正弦、余弦函数都是以 2π 为基本周期的周期函数.

⑤ 复正弦函数 $\sin z$ 的零点为 $n\pi, n \in \mathbf{Z}$；而复余弦函数 $\cos z$ 的零点为 $\left(n + \frac{1}{2}\right)\pi, n \in \mathbf{Z}$.

⑥ 复正弦、余弦函数在复平面上无界.

事实上，由式(2.3.5)知

$$\cos(iy) = \frac{e^{-y} + e^y}{2}$$

当 $y \to \pm \infty$ 时是无界的.

⑦ 对任何复数 z，有

$$e^{iz} = \cos z + i\sin z. \tag{2.3.9}$$

在正弦、余弦函数的基础上，与实情形一样可定义复正切、余切函数等：

$$\tan z = \frac{\sin z}{\cos z}, \quad \cot z = \frac{\cos z}{\sin z}.$$

也可以验证这些函数的一些性质. 例如，正切函数有如下的性质：

① 当变量 z 取实值时，与实正切函数一致.

② 于复平面上除余弦函数的零点外解析，并且

$$(\tan z)' = \frac{1}{\cos^2 z}. \tag{2.3.10}$$

③ 以 π 为基本周期的周期函数.

练习 2.4

1. 证明下列等式：
   (1) $\overline{\sin z} = \sin \overline{z}$; (2) $\overline{\cos z} = \cos \overline{z}$.
2. 利用式(2.3.7)的结果证明：$1 + \tan^2 z = \sec^2 z$.
3. 用三角函数的定义证明：$\sin 2z = 2\sin z \cos z$.
4. 证明：$\sin \overline{z}$ 在复平面 **C** 上不解析.
5. 证明：(1) $\cos(i\overline{z}) = \overline{\cos(iz)}$，(2) $\sin(i\overline{z}) = \overline{\sin(iz)}$ 成立当且仅当 $z = n\pi i (n = 0, \pm 1, \pm 2, \cdots)$.

2.3.3 对数函数

由复数的对数运算可定义对数函数 Ln：
对非零复数 z，
$$\mathrm{Ln}\, z = \ln|z| + \mathrm{i}\mathrm{Arg}\, z. \qquad (2.3.11)$$

需要注意的是，由于辐角 Arg z 有无穷多值，因此对数函数 Ln 是一个无穷多值函数.

因此，为简单起见，我们定义对数函数 Ln 的主值分支 ln，仍然称为对数函数：
$$\ln z = \ln|z| + \mathrm{i}\arg z. \qquad (2.3.12)$$

需要注意的是，由于辐角主值函数 arg z 在负实轴(含原点)上不连续，因此对数函数 $\ln z$ 在负实轴上同样不连续. 然而，在复平面的其余地方，对数函数 $\ln z$ 不仅连续而且还是解析的，且
$$(\ln z)' = \frac{1}{z}. \qquad (2.3.13)$$

事实上，设 $z = x + \mathrm{i}y$，则当 z 在右半平面($x > 0$)时，
$$\ln z = \ln\sqrt{x^2 + y^2} + \mathrm{i}\arctan\frac{y}{x},$$

从而实部 $u = \frac{1}{2}\ln(x^2 + y^2)$，虚部 $v = \arctan\frac{y}{x}$. 它们都在右半平面($x > 0$)可微，并且由

$$u_x = \frac{x}{x^2+y^2}, \quad u_y = \frac{y}{x^2+y^2},$$

$$v_x = \frac{-\frac{y}{x^2}}{1+\left(\frac{y}{x}\right)^2} = -\frac{y}{x^2+y^2}, \quad v_y = \frac{\frac{1}{x}}{1+\left(\frac{y}{x}\right)^2} = \frac{x}{x^2+y^2}$$

知 u,v 还满足 C-R 方程. 于是由定理 2.2.2 知,函数 $\ln z$ 于右半平面(Re $z>0$)解析,并且

$$(\ln z)'=u_x+v_x\mathrm{i}=\frac{x}{x^2+y^2}-\frac{y}{x^2+y^2}\mathrm{i}=\frac{x-y\mathrm{i}}{x^2+y^2}=\frac{1}{z}.$$

类似地,可验证在左半平面去除负实轴后的区域上也解析且式(2.3.13)成立.

练习 2.5

1. 证明:

(1) $\ln(-e\mathrm{i})=1-\dfrac{\pi}{2}\mathrm{i}$;

(2) $\ln(1-\mathrm{i})=\dfrac{1}{2}\ln 2-\dfrac{\pi}{4}\mathrm{i}$;

(3) $\ln|z_1 z_2|=\ln|z_1|+\ln|z_2|$.

2. 证明:函数 $\ln z$ 在左半平面(不含负实轴)内解析,并且 $(\ln z)'=\dfrac{1}{z}$.

3. 讨论等式 $\mathrm{Ln}\, z^2=2\mathrm{Ln}\, z$ 是否正确.

4. 解下列方程:

(1) $\ln z=2+\pi\mathrm{i}$;

(2) $\ln z=2-\dfrac{\pi}{6}\mathrm{i}$.

第三章 复变函数的积分

与数学分析中实函数相对应地,复函数也有求导的逆问题.解决的方法仍然与数学分析相当,借助于积分来完成.

3.1 复变函数线积分的定义

在复平面上定义函数从一个点 a 到另外一个点 b 的积分时,必须考虑从点 a 到 b 的路径,也就是曲线.

对复平面上的曲线 $C \subset \mathbf{C}$,如果其作为实平面 $\mathbf{R}^2$ 上的曲线时是可求长的,我们就称其也是复平面上可求长的曲线,并且与实平面曲线具有相同的长度,即长度

$$L(C) = \int_C \mathrm{d}s.$$

这里 $\mathrm{d}s$ 是弧长微分.注意在复平面上,

$$\mathrm{d}s = \sqrt{(\mathrm{d}x)^2 + (\mathrm{d}y)^2} = |\mathrm{d}x + \mathrm{i}\mathrm{d}y| = |\mathrm{d}z|,$$

因此,当曲线 C 是光滑曲线 $z = z(t), t \in [\alpha, \beta]$ 时就有

$$L(C) = \int_C |\mathrm{d}z| = \int_\alpha^\beta |z'(t)| \mathrm{d}t. \tag{3.1.1}$$

对复平面上连续曲线 C 规定始点与终点,则其成为有向曲线.对简单闭曲线,在不特别说明的情况下,其方向均取逆时针方向(正向).为方便,除非特别说明,今后所涉曲线均指光滑或逐段光滑的,因而也是可求长的曲线.逐段光滑的简单闭曲线称为**周线**.

现设复函数 $f(z)$ 在有向曲线 C 上有定义.对曲线 C 作任意分割,得首尾相接的有限条可求长的小有向曲线段,如图 3-1 所示,

$$\gamma_1 = \widehat{z_0 z_1}, \gamma_2 = \widehat{z_1 z_2}, \cdots, \gamma_n = \widehat{z_{n-1} z_n},$$

并且在每小段上任意取一点 $\xi_k \in \gamma_k$,作和

$$\sum_{k=1}^{n} f(\xi_k)\Delta z_k, \quad \Delta z_k = z_k - z_{k-1}.$$

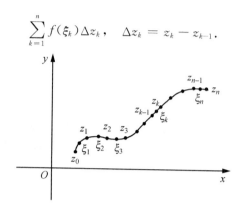

图 3-1

若当所有小曲线段的长度都趋于 0,即

$$\|T\| = \max\{L(\gamma_k); 1 \leqslant k \leqslant n\} \to 0$$

时,上述和式存在与各 ξ_k 选取无关的极限,则称函数 $f(z)$ 沿有向曲线 C 可积,并将上述极限称为函数 $f(z)$ 沿有向曲线 C 的积分,记作

$$\int_C f(z)\mathrm{d}z.$$

于是

$$\int_C f(z)\mathrm{d}z = \lim_{\|T\|\to 0} \sum_{k=1}^{n} f(\xi_k)\Delta z_k. \tag{3.1.2}$$

由此可知,若有向曲线 C 的始点为 a,终点为 b,则

$$\int_C \mathrm{d}z = b - a.$$

注意复积分路径具有方向,特别地,

$$\int_{C^-} f(z)\mathrm{d}z = -\int_C f(z)\mathrm{d}z, \tag{3.1.3}$$

其中,C^- 为 C 的反方向曲线.

现在考虑积分和的实部与虚部. 设 $f(z) = u(x,y) + \mathrm{i}v(x,y)$ 及各点 $\xi_k = \zeta_k + \mathrm{i}\eta_k \in \gamma_k, z_k = x_k + \mathrm{i}y_k, \Delta x_k = x_k - x_{k-1}, \Delta y_k = x_k - y_{k-1}$,则积分和

$$\sum_{k=1}^{n} f(\xi_k)\Delta z_k = \sum_{k=1}^{n}[u(\zeta_k, \eta_k) + \mathrm{i}v(\zeta_k, \eta_k)][\Delta x_k + \mathrm{i}\Delta y_k]$$

$$= \sum_{k=1}^{n}[u(\zeta_k, \eta_k)\Delta x_k - v(\zeta_k, \eta_k)\Delta y_k] +$$

$$\mathrm{i}\sum_{k=1}^{n}[v(\zeta_k, \eta_k)\Delta x_k + u(\zeta_k, \eta_k)\Delta y_k].$$

于是,复积分可用实函数的第二型曲线积分表示:

$$\int_C f(z)\mathrm{d}z = \int_C u(x,y)\mathrm{d}x - v(x,y)\mathrm{d}y + \mathrm{i}\int_C v(x,y)\mathrm{d}x + u(x,y)\mathrm{d}y.$$

$$\tag{3.1.4}$$

由于函数 f 连续当且仅当其实部 u 和虚部 v 连续,故由式(3.1.4)知:若 f 于曲线 C 连续,则 f 沿曲线 C 可积.

进一步地,若曲线 C 是光滑曲线 $z = z(t) = x(t) + \mathrm{i}y(t), t:\alpha \to \beta$,则
$$\begin{aligned}\int_C f(z)\mathrm{d}z &= \int_\alpha^\beta [u(x(t),y(t))x'(t) - v(x(t),y(t))y'(t)]\mathrm{d}t + \\ &\quad \mathrm{i}\int_\alpha^\beta [v(x(t),y(t))x'(t) + u(x(t),y(t))y'(t)]\mathrm{d}t \\ &= \int_\alpha^\beta \{[u(x(t),y(t))x'(t) - v(x(t),y(t))y'(t)] + \\ &\quad \mathrm{i}[v(x(t),y(t))x'(t) + u(x(t),y(t))y'(t)]\}\mathrm{d}t \\ &= \int_\alpha^\beta [u(x(t),y(t)) + \mathrm{i}v(x(t),y(t))][x'(t) + \mathrm{i}y'(t)]\mathrm{d}t \\ &= \int_\alpha^\beta f[z(t)]z'(t)\mathrm{d}t,\end{aligned}$$
即
$$\int_C f(z)\mathrm{d}z = \int_\alpha^\beta f[z(t)]z'(t)\mathrm{d}t. \tag{3.1.5}$$

利用上式计算复积分的方法叫作**参数方程法**.

例 3.1.1 设 $a \in \mathbf{C}$ 为一定点,$n \in \mathbf{Z}\setminus\{0\}$ 为非零整数,$R > 0$. 计算积分
$$\int_{|z-a|=R} \frac{\mathrm{d}z}{(z-a)^n}.$$

解 参数化曲线得 $C: z = a + R\mathrm{e}^{\mathrm{i}\theta}, \theta: 0 \to 2\pi$. 于是
$$\int_{|z-a|=R} \frac{\mathrm{d}z}{(z-a)^n} = \int_0^{2\pi} \frac{\mathrm{i}R\mathrm{e}^{\mathrm{i}\theta}}{R^n \mathrm{e}^{\mathrm{i}n\theta}}\mathrm{d}\theta = \mathrm{i}R^{1-n}\int_0^{2\pi} \mathrm{e}^{\mathrm{i}(1-n)\theta}\mathrm{d}\theta.$$

由此可知,当 $n \neq 1$ 时,
$$\int_{|z-a|=R} \frac{\mathrm{d}z}{(z-a)^n} = 0,$$

当 $n = 1$ 时,
$$\int_{|z-a|=R} \frac{\mathrm{d}z}{z-a} = 2\pi\mathrm{i}. \qquad \Box$$

例 3.1.2 计算积分
$$\int_C (x - y + \mathrm{i}x^2)\mathrm{d}z,$$

其中 C 的始点为原点 $z = 0$,终点为 $z = 1 + \mathrm{i}$,积分路径(图 3-2)为

(1) 直线段;

(2) 抛物线段 $y = x^2$.

解 (1) 此时 C 的方程为 $z = (1+\mathrm{i})t = t + \mathrm{i}t, t: 0 \to 1$,因此
$$\int_C (x - y + \mathrm{i}x^2)\mathrm{d}z = \int_0^1 (t - t + \mathrm{i}t^2)(1+\mathrm{i})\mathrm{d}t = -\frac{1}{3} + \frac{\mathrm{i}}{3}.$$

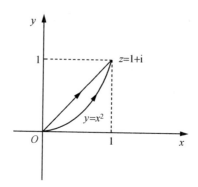

图 3-2

(2) 此时 C 的方程为 $z = x + \mathrm{i}x^2, x: 0 \to 1$，因此
$$\int_C (x - y + \mathrm{i}x^2)\mathrm{d}z = \int_0^1 (x - x^2 + \mathrm{i}x^2)(1 + 2\mathrm{i}x)\mathrm{d}x = -\frac{1}{3} + \frac{\mathrm{i}}{2}. \quad \square$$

上述例子表明，一般而言，复积分与路径具有相关性. 何时无关，便是我们需要考虑的问题. 这个问题，对实函数的第二型曲线积分，数学分析中已有涉及. 在进一步讨论这个问题之前，我们先列出一些复积分的基本性质.

① 线性性质：设 $f(z), g(z)$ 沿有向曲线 C 可积，α, β 为复常数，则 $\alpha f(z) + \beta g(z)$ 沿曲线 C 亦可积，且
$$\int_C [\alpha f(z) + \beta g(z)]\mathrm{d}z = \alpha \int_C f(z)\mathrm{d}z + \beta \int_C g(z)\mathrm{d}z. \quad (3.1.6)$$

② 可加性：设有向曲线 C 由有限条曲线 $C_k (k = 1, 2, \cdots, n)$ 首尾相接而得，并且函数 f 沿每条曲线 C_k 都可积，则函数 f 沿曲线 C 也可积，并且
$$\int_C f(z)\mathrm{d}z = \sum_{k=1}^n \int_{C_k} f(z)\mathrm{d}z. \quad (3.1.7)$$

③ 积分估计：设 $f(z)$ 沿有向曲线 C 可积，则
$$\left| \int_C f(z)\mathrm{d}z \right| \leqslant \int_C |f(z)||\mathrm{d}z| = \int_C |f(z)|\mathrm{d}s \leqslant ML(C), \quad (3.1.8)$$
其中，M 为 $|f|$ 在曲线 C 上的最大值.

练习 3.1

1. 计算积分
$$\int_C \mathrm{Re}\, z\,\mathrm{d}z,$$
其中，C 为连接原点 $z = 0$ 和 $z = 1 + \mathrm{i}$ 的直线.

2. 计算积分
$$\int_C z^2 \mathrm{d}z,$$

其中,C 为自原点 O 到 3 的直线段,再加上 3 到 $3+\mathrm{i}$ 的直线段构成的折线.

3. 计算积分 $\int_{|z|=2} \dfrac{\mathrm{d}z}{z^2-1}$.

4. 计算积分
$$\int_C |z|\,\mathrm{d}z,$$
其中,C 为 $z=\mathrm{i}y$,$-1\leqslant y\leqslant 1$ 沿虚轴自下而上的线段.

5. 计算积分
$$\int_C \dfrac{\mathrm{d}z}{\bar{z}},$$
其中,C 是圆环 $\{z\,|\,1\leqslant |z|\leqslant 2\}$ 在第一象限部分的边界,方向为逆时针方向.

6. 计算积分
$$\int_{C_i} \bar{z}\,\mathrm{d}z \quad (i=1,2),$$
其中,(1) C_1 为 $|z|=1$ 的上半圆周;(2) C_2 为 $|z|=1$ 的下半圆周.

7. 设 C 是圆周 $|z|=2$ 在第一象限的部分,证明:
$$\left|\int_C \dfrac{\mathrm{d}z}{z^2-1}\right|\leqslant \dfrac{\pi}{3}.$$

3.2 柯西-古萨定理和柯西积分公式

在数学分析中,与原函数密切相关的牛顿-莱布尼兹公式扮演了极为重要的角色,所以我们也从原函数开始研究.

定义 3.2.1 设函数 f 在区域 $D\subset \mathbf{C}$ 有定义.若区域 D 上的解析函数 F 满足
$$F'(z)=f(z), \quad z\in D, \tag{3.2.1}$$
则称函数 F 是 f 在区域 D 上的一个原函数.

显然,不同的原函数之间相差一个常数.

关于原函数的存在性,在形式上,仿照数学分析中原函数的存在性,我们需要考虑变上限积分:
$$F(z)=\int_a^z f(\zeta)\,\mathrm{d}\zeta, \quad z\in D. \tag{3.2.2}$$

这里 $a\in D$ 是固定一点.要让这个积分有意义,就需要解决问题:积分与从定点 a 到动点 z 的路径无关,即对任何两条这样的路径 C_1,C_2(图 3-3)有
$$\int_{C_1} f(\zeta)\,\mathrm{d}\zeta = \int_{C_2} f(\zeta)\,\mathrm{d}\zeta,$$
于是沿封闭曲线 $C_1\cup C_2^-$ 的积分为 0,即

$$\int_{C_1+C_2^-} f(\zeta)\mathrm{d}\zeta = 0.$$

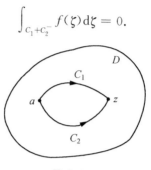

图 3-3

这样,函数 f 的积分与路径无关等价于函数 f 沿任何封闭曲线 $C\subset D$ 的积分为 0,即

$$\int_C f(z)\mathrm{d}z = 0.$$

此时变上限积分(3.2.2)就有意义,而且定义了一个单值函数.

定理 3.2.1 设函数 f 于区域 D 连续,则 f 于 D 有原函数的充要条件是对任何周线 $C\subset D$ 有

$$\int_C f(z)\mathrm{d}z = 0. \tag{3.2.3}$$

证明 先设 f 于 D 有原函数 F.我们只要证明 f 沿 D 中曲线的积分与路径无关.设 $C: z=z(t), t: \alpha \to \beta$ 是 D 中任一条光滑曲线,则按照计算公式(3.1.5)有

$$\int_C f(z)\mathrm{d}z = \int_\alpha^\beta f[z(t)]z'(t)\mathrm{d}t = \int_\alpha^\beta F'[z(t)]z'(t)\mathrm{d}t$$
$$= F[z(\beta)] - F[z(\alpha)],$$

即值与路径无关.对分段光滑曲线 C,根据关于积分曲线的可加性质,上式仍然成立,即积分 $\int_C f(z)\mathrm{d}z$ 同样与路径无关.这就证明了条件的必要性.

对于充分性,我们只需要证明当积分与路径无关时,函数

$$F(z) = \int_a^z f(\zeta)\mathrm{d}\zeta, \quad a\in D, z\in D$$

于 D 处处可导,并且 $F'(z) = f(z)$.

任意取定一点 $z_0 \in D$.因为 D 是开区域,因此存在邻域 $\Delta(z_0, \delta_0)\subset D$.设 ε 是任一正数,则由 f 在点 z_0 处连续知,存在正数 $\delta < \delta_0$ 使得当 $|z-z_0|<\delta$ 时有 $|f(z)-f(z_0)|<\varepsilon$.由积分与路径无关知

$$\frac{F(z)-F(z_0)}{z-z_0} - f(z_0) = \frac{1}{z-z_0}\int_{\overline{z_0 z}} f(\zeta)\mathrm{d}\zeta - f(z_0)$$
$$= \frac{1}{z-z_0}\int_{\overline{z_0 z}}[f(\zeta)-f(z_0)]\mathrm{d}\zeta,$$

这里路径 $\overline{z_0 z}$ 表示有向线段.从而

$$\left|\frac{F(z)-F(z_0)}{z-z_0}-f(z_0)\right| \leqslant \frac{1}{|z-z_0|}\int_{\overline{z_0 z}}|f(\zeta)-f(z_0)||\mathrm{d}\zeta| \leqslant \varepsilon,$$

这就证明了 F 在点 z_0 处可导,并且 $F'(z_0)=f(z_0)$. 最后由 $z_0 \in D$ 的任意性知,函数 F 于 D 处处可导,并且 $F'(z)=f(z)$. □

推论 3.2.1 设 f 于区域 D 连续,并且有原函数 F,则对任何点 $a,b \in D$ 和连接该两点的曲线 $C \subset D$,有

$$\int_C f(z)\mathrm{d}z = F(b)-F(a). \tag{3.2.4}$$

□

例 3.2.1 计算

$$\int_C \cos z\,\mathrm{d}z,$$

其中,C 为连接点 O 到点 $\pi\mathrm{i}$ 的线段.

解 由于 $\cos z$ 于复平面连续,并且有原函数 $\sin z$,因此

$$\int_C \cos z\,\mathrm{d}z = \sin z \Big|_0^{\pi\mathrm{i}} = \sin(\pi\mathrm{i}) = \frac{\mathrm{e}^{-\pi}-\mathrm{e}^{\pi}}{2\mathrm{i}} = \frac{\mathrm{i}}{2}(\mathrm{e}^{\pi}-\mathrm{e}^{-\pi}).$$

□

推论 3.2.2 对复平面上任意周线 C,有

$$\int_C \mathrm{d}z = 0, \int_C z\,\mathrm{d}z = 0, \int_C z^2\,\mathrm{d}z = 0, \int_C z^3\,\mathrm{d}z = 0, \cdots. \tag{3.2.5}$$

□

根据上述定理和推论,沿周线积分为 0 的函数就值得进一步考虑. 而这实际上就形成了解析函数的基础理论.

定理 3.2.2 设 f 于单连通区域 D 解析,并且导函数 f' 于 D 连续,则对任何周线 $C \subset D$,有

$$\int_C f(z)\mathrm{d}z = 0. \tag{3.2.6}$$

证明 设 $f(z)=u(x,y)+\mathrm{i}v(x,y)$,则可将复积分用实、虚部函数的第二型曲线积分表示为

$$\int_C f(z)\mathrm{d}z = \int_C u(x,y)\mathrm{d}x - v(x,y)\mathrm{d}y + \mathrm{i}\int_C v(x,y)\mathrm{d}x + u(x,y)\mathrm{d}y.$$

由于 f 于单连通区域 D 解析,并且导函数 f' 于 D 连续,故实部、虚部函数于 D 连续可微并且满足 C-R 方程 $u_x=v_y, u_y=-v_x$,因而对上式右端应用格林公式有

$$\int_C f(z)\mathrm{d}z = \iint_{D_C}(-v_x-u_y)\mathrm{d}x\mathrm{d}y + \mathrm{i}\iint_{D_C}(u_x-v_y)\mathrm{d}x\mathrm{d}y = 0.$$

这里 $D_C \subset D$ 表示周线 C 所围闭区域. □

柯西(Cauchy)早期证明的积分定理中,积分闭曲线是矩形(区域的边界). 后来,古萨(Goursat)发现导函数连续这个条件是不必要的,并且给出

了如下一般形式的**柯西-古萨定理**，或者仍然称为**柯西积分定理**.

定理 3.2.3 设有界闭区域 $\overline{D}$ 由有限条周线所围成. 若函数 f 在 $\overline{D}$ 的内部 D 解析，在 $\overline{D}$ 上连续，则

$$\int_{\partial D} f(z) \mathrm{d}z = 0. \tag{3.2.7}$$

注意，如无特别说明，边界曲线 ∂D 的方向都取正向：沿该方向行走时，区域 D 总在左边.

此定理的证明较复杂，这里略去. 注意定理中区域 D 允许是多连通区域：由外围周线 C_0 和含于其内部的一系列周线 $C_1, C_2, \cdots, C_n$ 围成，这些周线中的每一条都在其他曲线的外部(图 3-4). 此时区域 D 的边界为

$$\partial D = C_0 \bigcup C_1^- \bigcup C_2^- \bigcup \cdots \bigcup C_n^-.$$

上述 ∂D 称为**复周线**，也简称**周线**.

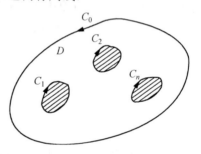

图 3-4

于是，定理 3.2.3 结论等价于

$$\int_{C_0} f(z) \mathrm{d}z = \int_{C_1} f(z) \mathrm{d}z + \int_{C_2} f(z) \mathrm{d}z + \cdots + \int_{C_n} f(z) \mathrm{d}z. \tag{3.2.8}$$

等式 (3.2.8) 为柯西积分定理的复周线情形.

柯西积分定理的一个重要应用是如下的**柯西积分公式**，以及由此导出的解析函数的无穷可微性.

定理 3.2.4 设有界闭区域 $\overline{D}$ 由有限条周线所围成. 若函数 f 在 $\overline{D}$ 的内部 D 解析，在 $\overline{D}$ 上连续，则对任何 $z \in D$,

$$f(z) = \frac{1}{2\pi \mathrm{i}} \int_{\partial D} \frac{f(\xi)}{\xi - z} \mathrm{d}\xi. \tag{3.2.9}$$

进一步地，f 具有任意阶导数：对任何 $z \in D$,

$$f^{(n)}(z) = \frac{n!}{2\pi \mathrm{i}} \int_{\partial D} \frac{f(\xi)}{(\xi - z)^{n+1}} \mathrm{d}\xi \quad (n = 1, 2, \cdots). \tag{3.2.10}$$

证明 先证柯西积分公式 (3.2.9). 对给定的点 $z \in D$，被积函数

$$F(\xi) = \frac{f(\xi)}{\xi - z}$$

于 $D \setminus \{z\}$ 解析. 由于点 $z \in D$ 并且 D 为开区域，因此当 $\rho > 0$ 充分小时有

$$\overline{\Delta}(z,\rho) = \{\xi : |\xi - z| \leqslant \rho\} \subset D.$$

记此小圆域的边界为 $\gamma_\rho = \{\xi : |\xi - z| = \rho\}$. 现在对函数 $F(\xi)$ 和复周线 $\partial D \cup \gamma_\rho^-$ 应用式(3.2.8),就得到

$$\int_{\partial D} \frac{f(\xi)}{\xi - z} d\xi = \int_{\gamma_\rho} \frac{f(\xi)}{\xi - z} d\xi.$$

由于

$$\frac{1}{2\pi i} \int_{\gamma_\rho} \frac{1}{\xi - z} d\xi = 1,$$

因此

$$f(z) = \frac{f(z)}{2\pi i} \int_{\gamma_\rho} \frac{1}{\xi - z} d\xi = \frac{1}{2\pi i} \int_{\gamma_\rho} \frac{f(z)}{\xi - z} d\xi.$$

于是

$$\left| \frac{1}{2\pi i} \int_{\partial D} \frac{f(\xi)}{\xi - z} d\xi - f(z) \right| = \left| \frac{1}{2\pi i} \int_{\gamma_\rho} \frac{f(\xi)}{\xi - z} d\xi - \frac{1}{2\pi i} \int_{\gamma_\rho} \frac{f(z)}{\xi - z} d\xi \right|$$

$$= \left| \frac{1}{2\pi i} \int_{\gamma_\rho} \frac{f(\xi) - f(z)}{\xi - z} d\xi \right|$$

$$\leqslant \frac{1}{2\pi} \int_{\gamma_\rho} \frac{|f(\xi) - f(z)|}{|\xi - z|} |d\xi|$$

$$= \frac{1}{2\pi\rho} \int_{\gamma_\rho} |f(\xi) - f(z)| |d\xi|.$$

由于函数 f 于给定点 z 处连续,因此对任意正数 ε,存在正数 δ 使得当 $|\xi - z| < \delta$ 时有 $|f(\xi) - f(z)| < \varepsilon$. 现在取正数 $\rho < \delta$,则按上式就有

$$\left| \frac{1}{2\pi i} \int_{\partial D} \frac{f(\xi)}{\xi - z} d\xi - f(z) \right| \leqslant \frac{1}{2\pi\rho} \int_{\gamma_\rho} \varepsilon |d\xi| = \varepsilon,$$

即

$$\left| \frac{1}{2\pi i} \int_{\partial D} \frac{f(\xi)}{\xi - z} d\xi - f(z) \right| \leqslant \varepsilon.$$

上式左端是确定的数,而右端正数可任意小,故左端必等于 0,即

$$\frac{1}{2\pi i} \int_{\partial D} \frac{f(\xi)}{\xi - z} d\xi = f(z).$$

这就证明了柯西积分公式(3.2.9). □

注 在应用柯西积分公式(3.2.9)计算具体积分时,经常使用如下形式:

$$f(z_0) = \frac{1}{2\pi i} \int_{\partial D} \frac{f(z)}{z - z_0} dz, \quad z_0 \in D. \tag{3.2.11}$$

例 3.2.2 计算积分

$$\int_{C_j} = \frac{dz}{z^2 + 1} \quad (j = 1, 2, 3),$$

其中,(1) $C_1 : |z + i| = \frac{1}{2}$; (2) $C_2 : |z - i| = \frac{1}{2}$; (3) $C_3 : |z| = 2$.

解 (1) 因为 $\dfrac{1}{z-\mathrm{i}}$ 在 $|z+\mathrm{i}|\leqslant\dfrac{1}{2}$ 上解析，所以由柯西积分公式(3.2.9)有

$$\int_{C_1}\dfrac{\mathrm{d}z}{z^2+1}=\int_{C_1}\dfrac{\dfrac{1}{z-\mathrm{i}}}{z+\mathrm{i}}\mathrm{d}z=2\pi\mathrm{i}\dfrac{1}{z-\mathrm{i}}\bigg|_{z=-\mathrm{i}}=-\pi.$$

(2) 因为 $\dfrac{1}{z+\mathrm{i}}$ 在 $|z-\mathrm{i}|\leqslant\dfrac{1}{2}$ 上解析，所以由柯西积分公式(3.2.9)有

$$\int_{C_2}\dfrac{\mathrm{d}z}{z^2+1}=\int_{C_2}\dfrac{\dfrac{1}{z+\mathrm{i}}}{z-\mathrm{i}}\mathrm{d}z=2\pi\mathrm{i}\dfrac{1}{z+\mathrm{i}}\bigg|_{z=\mathrm{i}}=\pi.$$

(3) 因为 C_1,C_2 互不相交和互不包含，并且均在 C_3 内部，所以由柯西积分定理得

$$\int_{C_3}\dfrac{\mathrm{d}z}{z^2+1}=\int_{C_1}\dfrac{\mathrm{d}z}{z^2+1}+\int_{C_2}\dfrac{\mathrm{d}z}{z^2+1}=0. \qquad\square$$

柯西积分公式有如下重要的推论，称之为**解析函数平均值定理**.

定理 3.2.5 设函数 f 在开圆域 $\Delta(z_0,r)$ 内解析，在闭圆域 $\overline{\Delta}(z_0,r)$ 上连续，则

$$f(z_0)=\dfrac{1}{2\pi}\int_0^{2\pi}f(z_0+r\mathrm{e}^{\mathrm{i}\theta})\mathrm{d}\theta. \qquad(3.2.12)$$

式(3.2.12)表明解析函数在圆周上的平均值等于圆心处的函数值.

证明 由柯西积分公式知

$$f(z_0)=\dfrac{1}{2\pi\mathrm{i}}\int_{|z-z_0|=r}\dfrac{f(z)}{z-z_0}\mathrm{d}z.$$

参数化计算即得. $\qquad\square$

例 3.2.3 设函数 f 在闭圆域 $|z|\leqslant 1$ 上解析，并且当 $|z|=1$ 时 $|f(z)|>|f(0)|$. 证明：函数 f 在圆域 $|z|<1$ 内至少有一个零点.

证明 假设函数 f 在圆域 $|z|<1$ 内没有零点，即 $f(z)\neq 0$，则特别地，有 $f(0)\neq 0$. 按条件，当 $|z|=1$ 时也有 $f(z)\neq 0$. 于是函数

$$F(z)=\dfrac{1}{f(z)}$$

也于闭圆域 $|z|\leqslant 1$ 上解析. 因此，根据解析函数平均值定理有

$$\dfrac{1}{f(0)}=F(0)=\dfrac{1}{2\pi}\int_0^{2\pi}F(\mathrm{e}^{\mathrm{i}\theta})\mathrm{d}\theta=\dfrac{1}{2\pi}\int_0^{2\pi}\dfrac{1}{f(\mathrm{e}^{\mathrm{i}\theta})}\mathrm{d}\theta.$$

由于 $|f|$ 在闭圆周曲线 $|z|=1$ 上连续，从而有最小值 m，并且当 $|z|=1$ 时有 $|f(z)|>|f(0)|$，因此当 $|z|=1$ 时有 $|f(z)|\geqslant m>|f(0)|$. 于是，根据上式，我们得到矛盾：

$$\left|\dfrac{1}{f(0)}\right|\leqslant\dfrac{1}{2\pi}\int_0^{2\pi}\dfrac{1}{|f(\mathrm{e}^{\mathrm{i}\theta})|}\mathrm{d}\theta\leqslant\dfrac{1}{2\pi}\int_0^{2\pi}\dfrac{1}{m}\mathrm{d}\theta=\dfrac{1}{m}<\dfrac{1}{|f(0)|}.$$

故 f 在圆域 $|z|<1$ 内至少有一个零点. $\qquad\square$

定理 3.2.4 的证明(续) 现接着证明解析函数的无穷可微性及柯西导数公式(3.2.10). 先证明 $n=1$ 时的导数公式:

$$f'(z) = \frac{1}{2\pi i}\int_{\partial D} \frac{f(\xi)}{(\xi-z)^2} d\xi, \quad z \in D. \tag{3.2.13}$$

任意取定点 $z_0 \in D$. 根据柯西积分公式有

$$\begin{aligned} f(z) - f(z_0) &= \frac{1}{2\pi i}\int_{\partial D} \frac{f(\xi)}{\xi-z} d\xi - \frac{1}{2\pi i}\int_{\partial D} \frac{f(\xi)}{\xi-z_0} d\xi \\ &= \frac{1}{2\pi i}\int_{\partial D} \left[\frac{f(\xi)}{\xi-z} - \frac{f(\xi)}{\xi-z_0}\right] d\xi \\ &= \frac{z-z_0}{2\pi i}\int_{\partial D} \frac{f(\xi)}{(\xi-z)(\xi-z_0)} d\xi. \end{aligned}$$

于是当 $z \neq z_0$ 时,

$$\frac{f(z)-f(z_0)}{z-z_0} = \frac{1}{2\pi i}\int_{\partial D} \frac{f(\xi)}{(\xi-z)(\xi-z_0)} d\xi.$$

从而

$$\frac{f(z)-f(z_0)}{z-z_0} - \frac{1}{2\pi i}\int_{\partial D} \frac{f(\xi)}{(\xi-z_0)^2} d\xi = \frac{z-z_0}{2\pi i}\int_{\partial D} \frac{f(\xi)}{(\xi-z)(\xi-z_0)^2} d\xi.$$

由此不难验证上式右端当 $z \to z_0$ 时极限为 0,从而左端极限也为 0. 这就证明了

$$f'(z_0) = \frac{1}{2\pi i}\int_{\partial D} \frac{f(\xi)}{(\xi-z_0)^2} d\xi.$$

对于一般情形,可按照数学归纳法,仿照如上处理而证得. 事实上,设导数公式(3.2.10) 对 n 阶成立,则有

$$\begin{aligned} f^{(n)}(z) - f^{(n)}(z_0) &= \frac{n!}{2\pi i}\int_{\partial D} \frac{f(\xi)}{(\xi-z)^{n+1}} d\xi - \frac{n!}{2\pi i}\int_{\partial D} \frac{f(\xi)}{(\xi-z_0)^{n+1}} d\xi \\ &= \frac{n!}{2\pi i}\int_{\partial D} \left[\frac{f(\xi)}{(\xi-z)^{n+1}} - \frac{f(\xi)}{(\xi-z_0)^{n+1}}\right] d\xi \\ &= \frac{n!}{2\pi i}\int_{\partial D} \frac{(\xi-z_0)^{n+1} - (\xi-z)^{n+1}}{(\xi-z)^{n+1}(\xi-z_0)^{n+1}} f(\xi) d\xi. \end{aligned}$$

从而有

$$\frac{f^{(n)}(z) - f^{(n)}(z_0)}{z-z_0} = \frac{n!}{2\pi i}\int_{\partial D} \frac{P_n(\xi-z_0, \xi-z)}{(\xi-z)^{n+1}(\xi-z_0)^{n+1}} f(\xi) d\xi,$$

其中

$$P_n(\xi-z, \xi-z_0) = (\xi-z_0)^n + (\xi-z_0)^{n-1}(\xi-z) + \cdots + (\xi-z_0)(\xi-z)^{n-1} + (\xi-z)^n.$$

于是就有

$$\frac{f^{(n)}(z) - f^{(n)}(z_0)}{z-z_0} - \frac{(n+1)!}{2\pi i}\int_{\partial D} \frac{f(\xi)}{(\xi-z_0)^{n+2}} d\xi$$

$$= \frac{n!}{2\pi i}\int_{\partial D} \frac{P_n(\xi-z_0, \xi-z)(\xi-z_0) - (n+1)(\xi-z)^{n+1}}{(\xi-z)^{n+1}(\xi-z_0)^{n+2}} f(\xi) d\xi$$

$$= \frac{n!(z-z_0)}{2\pi i}\int_{\partial D} \frac{Q_n(\xi-z_0, \xi-z)}{(\xi-z)^{n+1}(\xi-z_0)^{n+2}} f(\xi) d\xi,$$

其中
$$Q_n(\xi-z_0,\xi-z) = \sum_{k=0}^{n} P_{n-k}(\xi-z_0,\xi-z)(\xi-z)^k.$$
由此可知
$$\lim_{z\to z_0}\left[\frac{f^{(n)}(z)-f^{(n)}(z_0)}{z-z_0} - \frac{(n+1)!}{2\pi i}\int_{\partial D}\frac{f(\xi)}{(\xi-z_0)^{n+2}}d\xi\right] = 0.$$
从而 f 在 z_0 处 $n+1$ 阶可导,并且
$$f^{(n+1)}(z_0) = \frac{(n+1)!}{2\pi i}\int_{\partial D}\frac{f(\xi)}{(\xi-z_0)^{n+2}}d\xi.$$
这就证明了导数公式(3.2.10)对 $n+1$ 阶也成立. □

注 与柯西积分公式一样,在具体应用导数公式于计算复积分时,常用如下形式的导数公式:
$$f^{(n)}(z_0) = \frac{n!}{2\pi i}\int_{\partial D}\frac{f(z)}{(z-z_0)^{n+1}}dz, \quad z_0 \in D; \qquad (3.2.14)$$
或用如下等价的公式:
$$\int_{\partial D}\frac{f(z)}{(z-z_0)^{n+1}}dz = \frac{2\pi i}{n!}f^{(n)}(z_0), \quad z_0 \in D. \qquad (3.2.15)$$

例 3.2.4 计算积分
$$\int_{|z|=2}\frac{\cos z}{(z-i)^3}dz.$$

解 根据导数公式有
$$\int_{|z|=2}\frac{\cos z}{(z-i)^3}dz = \frac{2\pi i}{2!}(\cos z)''(i) = -\frac{2\pi i}{2}\cos i = -\frac{\pi i}{2}(e+e^{-1}). \quad □$$

例 3.2.5 计算积分
$$\int_{|z-1|=3}\frac{dz}{(z^2-1)^2}.$$

解 由柯西积分定理有
$$\int_{|z-1|=3}\frac{dz}{(z^2-1)^2} = \int_{|z-1|=1/2}\frac{dz}{(z^2-1)^2} + \int_{|z+1|=1/2}\frac{dz}{(z^2-1)^2}.$$
再由导数公式有
$$\int_{|z-1|=1/2}\frac{dz}{(z^2-1)^2} = \int_{|z-1|=1/2}\frac{\frac{1}{(z+1)^2}}{(z-1)^2}dz$$
$$= 2\pi i\left[\frac{1}{(z+1)^2}\right]'_{z=1} = -\frac{\pi i}{2},$$
$$\int_{|z+1|=1/2}\frac{dz}{(z^2-1)^2} = \int_{|z+1|=1/2}\frac{\frac{1}{(z-1)^2}}{(z+1)^2}dz$$
$$= 2\pi i\left[\frac{1}{(z-1)^2}\right]'_{z=-1} = \frac{\pi i}{2},$$

于是所求积分

$$\int_{|z-1|=3}\frac{dz}{(z^2-1)^2}=-\frac{\pi i}{2}+\frac{\pi i}{2}=0. \qquad \square$$

由导数公式可得如下的**柯西不等式**(3.2.16).

定理 3.2.6 若函数 f 在闭圆域 $\overline{\Delta}(z_0,r)$ 上解析,则对任何 $n\in \mathbf{N}$ 有

$$|f^{(n)}(z_0)|\leqslant \frac{n!M}{r^n}, \qquad (3.2.16)$$

其中,M 是函数 f 在圆周 $|z-z_0|=r$ 上的最大模.

证明 事实上,根据导数公式有

$$\begin{aligned}|f^{(n)}(z_0)|&=\left|\frac{n!}{2\pi i}\int_{|z-z_0|=r}\frac{f(z)}{(z-z_0)^{n+1}}dz\right|\\ &\leqslant \frac{n!}{2\pi}\int_{|z-z_0|=r}\frac{|f(z)|}{|z-z_0|^{n+1}}|dz|\\ &=\frac{n!}{2\pi r^{n+1}}\int_{|z-z_0|=r}|f(z)||dz|\\ &\leqslant \frac{n!}{2\pi r^{n+1}}\int_{|z-z_0|=r}M|dz|\\ &=\frac{n!M}{r^n}.\end{aligned} \qquad \square$$

由柯西不等式,我们立即得到如下重要结论,通常称为**刘维尔(Liouville)定理**.

定理 3.2.7 复平面上有界解析函数必为常数,即有界整函数必为常数.

证明 设 f 在复平面上解析且有界,即存在正数 M,使得 $|f(z)|\leqslant M$ ($z\in \mathbf{C}$),则由柯西不等式,对任何 $z\in \mathbf{C}$ 和任何 $r>0$ 有

$$|f'(z)|\leqslant \frac{M}{r}.$$

由于 r 任意,因此令 $r\to +\infty$,即得 $f'(z)=0$. 从而 f 必为常数. $\square$

思考 尝试用公式(3.2.9)证明刘维尔定理.

根据刘维尔定理,非常数的整函数必无界. 这与实函数完全不同. 事实上,有许多可导的非常数有界一元实函数,例如函数 $f(x)=\sin x$,$f(x)=\dfrac{1}{1+x^2}$ 等. 因此刘维尔定理揭示了复解析函数与实无穷阶可微函数之间的巨大差别. 刘维尔定理的一个重要应用是代数基本定理的简化证明. 代数基本定理首先由高斯在其著名的博士论文中证明.

定理 3.2.8(**代数基本定理**) $n\geqslant 1$ 次多项式恰有 n 个复根,计重数.

证明 先证明根的存在性. 设 n 次多项式

$$P(z)=a_n z^n+a_{n-1}z^{n-1}+\cdots+a_0,\quad a_n\neq 0$$

在复平面上无根,则其倒数 $\dfrac{1}{P(z)}$ 在复平面上解析. 由于当 $z\to\infty$ 时,

$$\lim_{z\to\infty} P(z) = \lim_{z\to\infty} z^n\left(a_n + \dfrac{a_{n-1}}{z} + \cdots + \dfrac{a_0}{z^n}\right) = \infty,$$

$$\lim_{z\to\infty} \dfrac{1}{P(z)} = 0,$$

因此 $\dfrac{1}{P(z)}$ 于复平面有界. 根据刘维尔定理,$\dfrac{1}{P(z)}$ 为常数,即 $P(z)$ 为常数,矛盾.

再用数学归纳法证明恰有 n 个根. 当 $n=1$ 时结论显然成立. 下设 $n=k$ 时成立,我们证明 $n=k+1$ 时也成立. 由上述根的存在性,设 z_0 是 $k+1$ 次多项式 $P(z)$ 的一根,则根据多项式除法,

$$\dfrac{P(z)}{z-z_0} = Q(z)$$

是次数为 k 的多项式. 由归纳假设知,$Q(z)$ 有 k 个根,进而 $P(z)=(z-z_0)Q(z)$ 就有 $k+1$ 个根,即命题对 $n=k+1$ 也成立. □

最后,我们证明柯西积分定理的逆也成立,称为**莫雷拉(Morera)定理**.

定理 3.2.9 设函数 f 在单连通区域 D 内连续,并且对含于 D 内的任意可求长封闭曲线 $C \subset D$ 有

$$\int_C f(z)\mathrm{d}z = 0,$$

则函数 f 于 D 解析.

证明 根据定理 3.2.1,函数 f 有解析原函数 F:$F'(z)=f(z)$. 由解析函数的导数的解析性即知 $f=F'$ 解析. □

练习 3.2

1. 计算下列积分:

(1) $\displaystyle\int_i^{-i} \mathrm{e}^{\pi z}\mathrm{d}z$;

(2) $\displaystyle\int_0^{\pi+2i} \cos\dfrac{z}{2}\mathrm{d}z$;

(3) $\displaystyle\int_1^5 (z-2)^3 \mathrm{d}z$.

2. 计算下列积分:

(1) $\displaystyle\int_{|z-i|=2} \dfrac{1}{z^2+4}\mathrm{d}z$;

(2) $\displaystyle\int_{|z-i|=2} \dfrac{1}{(z^2+4)^2}\mathrm{d}z$;

(3) $\displaystyle\int_{|z|=4} \dfrac{1}{z^2+1}\mathrm{d}z$;

(4) $\displaystyle\int_{|z|=2} \dfrac{3z-1}{z(z-1)}\mathrm{d}z$.

3. 设圆周 $C: |z|=3$，函数
$$g(z) = \int_C \frac{2\xi^2 - \xi - 2}{\xi - z} d\xi, \quad |z| \neq 3.$$
证明：$g(2) = 8\pi i$. 当 $|z| > 3$ 时，$g(z)$ 的值是多少？

4. 计算积分
$$\int_{|z|=2} \frac{\cos z}{z\left(z - \frac{\pi}{2}\right)^3} dz.$$

5. 设 C 为单位圆周 $z = e^{i\theta}(-\pi \leq \theta \leq \pi)$，证明：对任意实常数 a，
$$\int_C \frac{e^{az}}{z} dz = 2\pi i.$$
然后把积分表示成 θ 的形式，推导出积分公式
$$\int_0^\pi e^{a\cos\theta} \cos(a\sin\theta) = \pi.$$

6. 设函数 $f(z)$ 是整函数，且存在一个确定的正数 A 使得
$$|f(z)| \leq A|z| \ (z \in \mathbf{C}).$$
证明：$f(z) = az$，其中 a 是一个复常数.

7. 利用柯西积分定理计算积分 $\int_{|z|=1} \frac{1}{z+2} dz$ 的值，并由此证明
$$\int_0^\pi \frac{1 + 2\cos\theta}{5 + 4\cos\theta} d\theta = 0.$$

第四章 复幂级数

类似于数学分析中所考虑的实级数情形,本章内容将逐步地从复数列到复数项级数、从复函数列到复函数项级数,再到复幂级数的过程来展开. 许多内容无论形式还是证明都与实情形完全类似. 对这部分内容,我们将简单罗列而不加以详细说明. 我们重点要注意的是由复变量所带来的与实情形不同的新内容.

4.1 复数列与复数项级数

4.1.1 复数(点)列

按某种次序排列而得的一列复数

$$z_1, z_2, \cdots, z_n, \cdots$$

称为一个复数列,常记为$\{z_n\}$. 因为复数同时也是复平面上的点,因此也常称为点列$\{z_n\}$.

定义 4.1.1 设$\{z_n\}$为一复数列. 如果有复数a满足:对任何正数ε,存在正整数N,使得当$n > N$时总有

$$|z_n - a| < \varepsilon, \tag{4.1.1}$$

就称数列$\{z_n\}$是**收敛**的. 否则,就称该数列是**发散**的.

容易验证,若数列$\{z_n\}$是收敛的,则数a是唯一的,因此数a称为数列的**极限**,也称数列收敛于a,并且记为

$$\lim_{n \to \infty} z_n = a \quad \text{或} \quad z_n \to a \quad (n \to \infty).$$

收敛的复数列具有与实数列相类似的性质,如有界性、四则运算法则,证明是完全类似的,故从略. 这里,我们称数列$\{z_n\}$**有界**,如果存在正数M

使得数列$\{z_n\}$的所有数z_n都满足$|z_n|\leqslant M$.

定理 4.1.1　复数列$\{z_n\}$收敛当且仅当实部列$\{x_n=\text{Re } z_n\}$和虚部列$\{y_n=\text{Im } z_n\}$都收敛.

证明　设$a=\eta+\xi\text{i}$,则$|z_n-a|=|(x_n-\eta)+\text{i}(y_n-\xi)|$.于是由不等式
$$|x_n-\eta|\leqslant|z_n-a|,\quad |y_n-\xi|\leqslant|z_n-a|,$$
$$|z_n-a|\leqslant|x_n-\eta|+|y_n-\xi|$$
即知定理 4.1.1 成立. □

根据定理 4.1.1 和实数列的柯西准则立得如下复数列收敛的柯西准则.

定理 4.1.2　复数列$\{z_n\}$收敛当且仅当对任何正数ε,存在正整数N,使得当$m,n>N$时总有
$$|z_m-z_n|<\varepsilon. \tag{4.1.2}$$
□

与实数列类似,复数列也有如下的**魏尔斯特拉斯(Weierstrass)致密性定理**.

定理 4.1.3　有界复数列$\{z_n\}$含有收敛的子列.

证明　由$\{z_n\}$有界知实数列$\{x_n=\text{Re } z_n\}$和$\{y_n=\text{Im } z_n\}$都有界.因此数列$\{x_n\}$有收敛子列$\{x_{n_j}\}$.由于数列$\{y_{n_j}\}$有界,因此其有收敛的子列$\{y_{n_{j_k}}\}$.于是数列$\{z_{n_{j_k}}\}$收敛,其是数列$\{z_n\}$的收敛子列. □

练习 4.1

1. 下列复数列$\{z_n\}$是否收敛?如果收敛,求出他们的极限:

   (1) $z_n=\dfrac{1+n\text{i}}{1-n\text{i}}$;

   (2) $z_n=\left(1+\dfrac{\text{i}}{2}\right)^{-n}$;

   (3) $z_n=(-1)^n+\dfrac{\text{i}}{n+1}$;

   (4) $z_n=e^{-n\pi\text{i}/2}$.

2. 设$z_n=-2+\text{i}\dfrac{(-1)^n}{n^2}$,证明:$\lim\limits_{n\to\infty}z_n=-2$.

3. 证明:若$\lim\limits_{n\to\infty}z_n=z$,则$\lim\limits_{n\to\infty}|z_n|=|z|$.

4. 设θ_n表示下列复数的主辐角
$$z_n=-1+\text{i}\dfrac{(-1)^n}{n^2}\quad(n=1,2,\cdots).$$
证明:$\lim\limits_{n\to\infty}\theta_n$不存在.

5. 设θ_n表示下列复数的主辐角
$$z_n=1+\text{i}\dfrac{(-1)^n}{n^2}\quad(n=1,2,\cdots).$$

证明：$\lim\limits_{n\to\infty}\theta_n=0$.

4.1.2 复数项级数

将一复数列$\{z_n\}$依次用加号"+"相连所得表达式，常记为

$$\sum_{n=1}^{\infty}z_n=z_1+z_2+\cdots+z_n+\cdots. \qquad (4.1.3)$$

称其为**复数项级数**，简称**级数**．由该级数的前n项和$S_n=z_1+z_2+\cdots+z_n$作为通项的数列$\{S_n\}$称为上述级数的**部分和数列**．如果部分和数列$\{S_n\}$收敛于复常数S，则称上述复数项级数(4.1.3)**收敛**于S．此时数S亦称为复数项级数(4.1.3)的和，记为

$$\sum_{n=1}^{\infty}z_n=S. \qquad (4.1.4)$$

当$\{S_n\}$发散时，称级数(4.1.3)发散．

根据定理4.1.1即知，复数项级数(4.1.3)收敛于S当且仅当实数项级数$\sum\limits_{n=1}^{\infty}\mathrm{Re}\,z_n$和$\sum\limits_{n=1}^{\infty}\mathrm{Im}\,z_n$分别收敛于$\mathrm{Re}\,S$和$\mathrm{Im}\,S$.

例4.1.1 证明

$$\sum_{n=1}^{\infty}\left[\frac{1}{n(n+1)}+\frac{\mathrm{i}}{2^n}\right]=1+\mathrm{i}.$$

证明 由于

$$\sum_{n=1}^{\infty}\frac{1}{n(n+1)}=1,\quad \sum_{n=1}^{\infty}\frac{1}{2^n}=1,$$

因此所需证等式成立．

根据数列收敛的柯西准则(定理4.1.2)，还可得复数项级数收敛的**柯西准则**．

定理4.1.4 复数项级数(4.1.3)收敛的充要条件：对任何给定的正数ε，存在正整数N，使得当$n>N$时，对任何给定的正整数p有

$$|z_{n+1}+z_{n+2}+\cdots+z_{n+p}|=|S_{n+p}-S_n|<\varepsilon. \qquad (4.1.5)$$

由柯西准则，即得级数收敛的一个必要条件：若复数项级数(4.1.3)收敛，则通项数列$\{z_n\}$收敛于0.

由柯西准则，也可得级数收敛的一个充分条件：若级数$\sum\limits_{n=1}^{\infty}|z_n|$收敛，则复数项级数(4.1.3)也收敛，并且

$$\left|\sum_{n=1}^{\infty}z_n\right|\leqslant\sum_{n=1}^{\infty}|z_n|. \qquad (4.1.6)$$

特别地，由此可定义复数项级数(4.1.3)的**绝对收敛**(级数$\sum\limits_{n=1}^{\infty}|z_n|$收敛)和

条件收敛(级数 $\sum_{n=1}^{\infty} z_n$ 收敛但不绝对收敛).

练习 4.2

1. 判别下列级数是否收敛. 如果收敛, 是否绝对收敛:

(1) $\sum_{n=1}^{\infty} \dfrac{\mathrm{i}^n}{n}$;

(2) $\sum_{n=1}^{\infty} \dfrac{(3+5\mathrm{i})^n}{n!}$;

(3) $\sum_{n=1}^{\infty} \left(\dfrac{1+5\mathrm{i}}{2}\right)^n$;

(4) $\sum_{n=1}^{\infty} \dfrac{n}{2^n}(1+\mathrm{i})^n$;

(5) $\sum_{n=1}^{\infty} \dfrac{(1+\mathrm{i})^n}{n^n}$;

(6) $\sum_{n=0}^{\infty} \dfrac{\cos \mathrm{i}n}{2^n}$.

2. 证明: 若 $\sum_{n=1}^{\infty} z_n = S$, 则 $\sum_{n=1}^{\infty} \overline{z}_n = \overline{S}$.

4.2 函数列与函数项级数

按某种次序排列而得的一列在复平面点集 E 上有定义的复函数
$$f_1, f_2, \cdots, f_n, \cdots$$
称为复平面点集 E 上的一个复函数列, 常记为 $\{f_n\}_E$, 或简记为 $\{f_n\}$.

平面点集 E 中的点通常可分为两类: 使得函数值列 $\{f_n(z_0)\}$ 收敛的点 $z_0 \in E$, 称为函数列 $\{f_n\}_E$ 的**收敛点**; 其余的点则称为**发散点**. 于是在收敛点集 $F \subset E$ 上, 上述函数列收敛于一个极限函数 f. 与数学分析一样, 为了研究极限函数的性质, 需要引入一致收敛的概念.

定义 4.2.1 设 $\{f_n\}_E$ 为复函数列, $F \subset E$ 为非空点集. 如果有复函数 $f : F \to \mathbf{C}$ 满足: 对任何正数 ε, 存在正整数 N, 使得当 $n > N$ 时, 对任何 $z \in F$ 都有
$$|f_n(z) - f(z)| < \varepsilon, \qquad (4.2.1)$$
就称复函数列 $\{f_n\}_E$ 于点集 F **一致收敛**于 f, 记作 $f_n \rightrightarrows f$ 于 F.

如果复函数列 $\{f_n\}_E$ 于点集 E 的任何有界闭子集一致收敛, 则称复函数列 $\{f_n\}_E$ 于点集 E **内闭一致收敛**.

显然, (内闭)一致收敛的极限函数 f 是唯一的. 根据定义可知, 复函数列 $\{f_n\}$ 于 F 一致收敛于 f 的充要条件为
$$\lim_{n \to \infty} \sup_{z \in F} |f_n(z) - f(z)| = 0. \qquad (4.2.2)$$

例 4.2.1 函数列 $\{z^n\}$ 于单位圆域 $\Delta(0,1) = \{z : |z| < 1\}$ 内闭一致收敛

于 0,但不一致收敛.

证明 对任何有界闭集 $F\subset\Delta(0,1)$,存在正数 $r<1$ 使得 $F\subset\overline{\Delta}(0,r)=\{z:|z|\leqslant r\}$. 因此

$$\sup_{z\in F}|z^n-0|\leqslant r^n\to 0,$$

从而函数列 $\{z^n\}$ 于单位圆域 $\Delta(0,1)=\{z:|z|<1\}$ 内闭一致收敛于 0.

但是,

$$\sup_{z\in\Delta(0,1)}|z^n-0|=1\not\to 0,$$

故函数列 $\{z^n\}$ 于单位圆域 $\Delta(0,1)=\{z:|z|<1\}$ 不一致收敛. □

判别复函数列是否一致收敛也有如下的柯西准则.

定理 4.2.1 复函数列 $\{f_n\}$ 于点集 F 一致收敛的充要条件是:对任何正数 ε,存在正整数 N,使得当 $n>N$ 时,对任何正整数 $p\in\mathbf{N}$ 和点 $z\in F$ 都有

$$|f_{n+p}(z)-f_n(z)|<\varepsilon. \quad (4.2.3)$$

□

如下定理表明,可以局部地讨论内闭一致收敛.

定理 4.2.2 复函数列 $\{f_n\}$ 于点集 E 内闭一致收敛的充要条件是:对 E 中任一点 z_0,存在某邻域 $\Delta(z_0)$ 使得 $\{f_n\}$ 于 $\Delta(z_0)\cap E$ 一致收敛.

证明 由有限覆盖定理和一致收敛定义即得. □

与数学分析一样,一致收敛能够将函数列的好性质传给极限函数.事实上,我们可相仿地证明如下结论.

定理 4.2.3 若复函数列 $\{f_n\}$ 于区域 D 内闭一致收敛于极限函数 f,并且各函数 f_n(除有限个外)都于 D 连续,则函数 f 亦于 D 连续,并且对任一可求长曲线 $C\subset D$ 有

$$\lim_{n\to\infty}\int_C f_n(z)\mathrm{d}z=\int_C f(z)\mathrm{d}z. \quad (4.2.4)$$

□

定理 4.2.4 若复函数列 $\{f_n\}$ 于区域 D 内闭一致收敛于极限函数 f,并且各函数 f_n 都于区域 D 解析,则函数 f 亦于区域 D 解析,并且对任何正整数 $p\in\mathbf{N}$,p 阶导函数列 $\{f_n^{(p)}\}$ 于区域 D 内闭一致收敛于函数 f 的 p 阶导数 $f^{(p)}$.

证明 任取一周线 C 使得 C 及其内部包含于 D 内:$\overline{I(C)}\subset D$. 由于 f_n 都于区域 D 解析,因此函数 f_n 沿曲线 C 的积分为 0. 由定理 4.2.3,极限函数 f 沿曲线 C 的积分也为 0. 由曲线 C 的任意性,根据莫雷拉定理即知极限函数 f 亦于区域 D 解析.

下证导函数列 $\{f_n^{(p)}\}$ 于区域 D 内闭一致收敛于函数 $f^{(p)}$. 根据定理 4.2.2,我们仅证明 D 是圆域 $\Delta(z_0,R)$ 的情形. 设 F 是 $\Delta(z_0,R)$ 的任一有界闭子集,则存在正数 $r<R$ 使得 $F\subset\Delta(z_0,r)$. 由于各函数 f_n 和 f 都是解析

函数,因此各函数 f_n 和 f 具有任意阶导数,并且由柯西高阶导数公式知对任何 $z \in F$ 有

$$f_n^{(p)}(z) = \frac{p!}{2\pi i} \int_{|\zeta-z_0|=\eta} \frac{f_n(\zeta)}{(\zeta-z)^{p+1}} d\zeta, \qquad (4.2.5)$$

$$f^{(p)}(z) = \frac{p!}{2\pi i} \int_{|\zeta-z_0|=\eta} \frac{f(\zeta)}{(\zeta-z)^{p+1}} d\zeta, \qquad (4.2.6)$$

其中 $\eta=(r+R)/2$. 注意,当 $|\zeta-z_0|=\eta$ 和 $z \in F \subset \Delta(z_0,r)$ 时有

$$|\zeta-z| = |\zeta-z_0-(z-z_0)| \geq |\zeta-z_0| - |z-z_0| \geq \eta - r = \frac{R-r}{2}.$$

于是得

$$\begin{aligned} |f_n^{(p)}(z) - f^{(p)}(z)| &= \left| \frac{p!}{2\pi i} \int_{|\zeta-z_0|=\eta} \frac{f_n(\zeta)-f(\zeta)}{(\zeta-z)^{p+1}} d\zeta \right| \\ &\leq \frac{p!}{2\pi} \left(\frac{2}{R-r}\right)^{p+1} \int_{|\zeta-z_0|=\eta} |f_n(\zeta)-f(\zeta)| |d\zeta|. \end{aligned}$$
$$(4.2.7)$$

由于 $\{f_n\}$ 于圆周 $|\zeta-z_0|=\eta$ 一致收敛于 f,因此式(4.2.7)表明导函数列 $\{f_n^{(p)}\}$ 于 F 一致收敛于函数 $f^{(p)}$. □

定理 4.2.4 通常称为**魏尔斯特拉斯定理**,说明对一致收敛的可导复函数列,其极限函数的可导性不再需要其他条件. 数学分析中关于实函数的相应结果却需要更多条件. 这实际上是由复函数可导比实函数可导更强所带来的.

与数项级数的定义类似,我们也可通过将函数列中函数逐个相加来定义函数项级数及其收敛性. 在点集 E 上有定义的复函数列 $\{f_n\}$ 中的函数依次用加号"+"相连所得表达式

$$\sum_{n=1}^{\infty} f_n = f_1 + f_2 + \cdots + f_n + \cdots \qquad (4.2.8)$$

称为**复函数项级数**. 由该级数的前 n 项和 $S_n = f_1 + f_2 + \cdots + f_n$ 作为通项的函数列 $\{S_n\}$,称为上述函数项级数的**部分和函数列**.

平面点集 E 中的点通常分为两类:使得函数值列 $\{S_n(z_0)\}$ 收敛的点 $z_0 \in E$,称为函数项级数(4.2.8)的**收敛点**,否则称为**发散点**. 于是在收敛点集 $F \subset E$ 上,部分和函数列 $\{S_n(z)\}$ 收敛于一个极限函数 $S(z)$,称为函数项级数(4.2.8)的**和函数**,记为

$$\sum_{n=1}^{\infty} f_n(z) = S(z), \quad z \in F. \qquad (4.2.9)$$

与数学分析一样,为了研究函数项级数和函数的性质,需要引入一致收敛的概念.

定义 4.2.2 对点集 E 上的复函数项级数(4.2.8),如果有一复函数 $S(z):E \to \mathbf{C}$ 满足:对任何正数 ε,存在正整数 N,使得当 $n > N$ 时,对任何

$z \in E$ 都有
$$|S_n(z) - S(z)| = |f_1(z) + f_2(z) + \cdots + f_n(z) - S(z)| < \varepsilon, \tag{4.2.10}$$
就称复函数项级数(4.2.8)于点集 E 一致收敛于和函数 $S(z)$.

根据上述定理 4.2.1～4.2.4,我们有如下关于函数项级数的诸定理.

定理 4.2.5(柯西准则) 复函数项级数(4.2.8)于点集 E 一致收敛的充要条件是:对任何正数 ε,存在正整数 N,使得当 $n > N$ 时,对任何正整数 $p \in \mathbf{N}^*$ 和点 $z \in E$ 都有
$$|S_{n+p}(z) - S_n(z)| = |f_{n+1}(z) + f_{n+2}(z) + \cdots + f_{n+p}(z)| < \varepsilon. \tag{4.2.11}$$

作为柯西准则的推论,有如下的**优级数判别法**.

定理 4.2.6(优级数判别法) 若有某收敛的正项级数 $\sum\limits_{n=1}^{\infty} M_n$ 使得正数列 $\{M_n\}$ 在点集 E 上控制函数列 $\{f_n\}$:对任何 f_n 和任何 $z \in E$ 都有 $|f_n(z)| \leqslant M_n$,则复函数项级数(4.2.8)于点集 E 一致收敛.

例 4.2.2 证明函数项级数
$$\sum_{n=1}^{\infty} \frac{z^n}{n^2}$$
于闭单位圆盘 $\overline{\Delta}(0,1)$ 一致收敛.

证明 由于当 $z \in \overline{\Delta}(0,1)$ 有 $\left|\dfrac{z^n}{n^2}\right| \leqslant \dfrac{1}{n^2}$,并且级数 $\sum\limits_{n=1}^{\infty} \dfrac{1}{n^2}$ 收敛,因此由定理 4.2.6 知所述函数项级数在闭单位圆盘 $\overline{\Delta}(0,1)$ 一致收敛.

现在将一致收敛函数列极限函数的性质,即定理 4.2.3～4.2.4,通过函数项级数的部分和函数列,转换到一致收敛的函数项级数的和函数上,就有如下的定理 4.2.7 和定理 4.2.8.它们分别反映了(内闭)一致收敛函数项级数的逐项可积和逐项可导性.

定理 4.2.7(逐项可积) 若复函数项级数(4.2.8)于区域 D 内闭一致收敛于和函数 $S(z)$,并且各函数 $f_n(z)$ 都在 D 上连续,则和函数 $S(z)$ 亦于 D 连续,并且对任一可求长曲线 $C \subset D$ 有
$$\sum_{n=1}^{\infty} \int_C f_n(z)\,\mathrm{d}z = \int_C S(z)\,\mathrm{d}z. \tag{4.2.12}$$

定理 4.2.8(逐项可导) 若复函数项级数(4.2.8)于区域 D 内闭一致收敛于和函数 $S(z)$,并且各函数 $f_n(z)$ 都于区域 D 解析,则和函数 $S(z)$ 亦于区域 D 解析,并且对任何正整数 $p \in \mathbf{N}$,复函数项级数 $\sum\limits_{n=1}^{\infty} f_n^{(p)}(z)$ 于区域

D 内闭一致收敛于和函数的 p 阶导数 $S^{(p)}(z)$：
$$\sum_{n=1}^{\infty} f_n^{(p)}(z) = S^{(p)}(z). \tag{4.2.13}$$

定理 4.2.8 通常也称为**魏尔斯特拉斯定理**.

练习 4.3

1. 试求下列级数的收敛点集和(内闭)一致收敛点集：

(1) $\sum_{n=1}^{\infty} \dfrac{z^n}{n^3}$； (2) $\sum_{n=0}^{\infty} \dfrac{(-1)^n}{z+n}$；

(3) $\sum_{n=1}^{\infty} \left[\dfrac{z(z+n)}{n} \right]^n$.

2. 证明：当 $|z|<1$ 时，级数 $\sum_{n=0}^{\infty} z^n$ 绝对收敛.

4.3 幂级数

以幂函数作为通项的如下函数项级数
$$\sum_{n=0}^{\infty} c_n (z-a)^n = c_0 + c_1(z-a) + \cdots + c_n(z-a)^n + \cdots \tag{4.3.1}$$
通常称为**泰勒幂级数**，其中复常数 $c_0, c_1, \cdots$ 称为系数，复常数 a 称为中心. 中心为原点的幂级数
$$\sum_{n=0}^{\infty} c_n z^n = c_0 + c_1 z + \cdots + c_n z^n + \cdots \tag{4.3.2}$$
也称为**麦克劳林幂级数**，可通过平移变换与泰勒幂级数互相得到.

数学分析中关于实幂级数的阿贝尔定理对复幂级数仍然成立，而且证明也一样.

定理 4.3.1(**阿贝尔定理**) 若复幂级数(4.3.2)于某点 $z_0 \neq 0$ 收敛，则该幂级数于圆域 $\Delta(0, |z_0|)$ 绝对收敛并且内闭一致收敛；若复幂级数(4.3.2)于某点 z_1 发散，则该幂级数于闭圆域 $\overline{\Delta}(0, |z_1|)$ 之外发散.

按照阿贝尔定理，幂级数的收敛情况可分为以下三种：

(1) 除中心外无处收敛；
(2) 处处收敛；
(3) 既有收敛点(非中心)，也有发散点.

对于情形(3)，由阿贝尔定理有 $|z_0| \leqslant |z_1|$. 可以证明此时存在唯一的

正数 $R: |z_0| \leqslant R \leqslant |z_1|$ 使得幂级数(4.3.2)于圆域 $\Delta(0,R)$ 内闭一致收敛并且于闭圆域 $\overline{\Delta}(0,R)$ 之外发散. 这个数 R 叫作幂级数(4.3.2)的**收敛半径**. 对于情形(1)和情形(2), 我们可分别约定收敛半径为 $R=0$ 和 $R=+\infty$. 圆域 $\Delta(0,R)$ 和其边界分别叫作幂级数(4.3.2)的**收敛圆域**和**收敛圆周**.

确定幂级数收敛半径有如下的**柯西-阿达马公式**：

$$R = \frac{1}{l}, \quad l = \overline{\lim_{n\to\infty}} \sqrt[n]{|c_n|}. \tag{4.3.3}$$

在实际计算时, 通常由如下公式确定 l, 当然前提是所涉极限存在：

$$l = \lim_{n\to\infty} \left| \frac{c_{n+1}}{c_n} \right| \quad (\text{达朗贝尔公式}), \tag{4.3.4}$$

$$l = \lim_{n\to\infty} \sqrt[n]{|c_n|} \quad (\text{柯西公式}). \tag{4.3.5}$$

这三个公式的证明与数学分析中幂级数收敛半径公式的证明是相同的, 故从略.

例 4.3.1 确定幂级数

$$\sum_{n=1}^{\infty} \frac{z^n}{n^2} = \frac{z}{1^2} + \frac{z^2}{2^2} + \cdots + \frac{z^n}{n^2} + \cdots$$

的收敛半径.

解 由于 $c_n = \frac{1}{n^2}$, 根据达朗贝尔公式易知 $l=1$, 从而收敛半径 $R=1$. □

注意, 此例中的幂级数在收敛圆周 $|z|=1$ 上都是收敛的. 请读者举例说明存在在收敛圆周上都发散的幂级数, 也存在在收敛圆周上部分收敛、部分发散的幂级数.

根据魏尔斯特拉斯定理 4.2.8, 幂级数(4.3.2)的和函数 $S(z)$ 在其收敛圆域 $\Delta(0,R)$ 上解析, 并且任意阶可导, 其 p 阶导数满足

$$S^{(p)}(z) = \sum_{n=p}^{\infty} n(n-1)\cdots[n-(p-1)]c_n z^{n-p}. \tag{4.3.6}$$

由此可知系数

$$c_n = \frac{S^{(n)}(0)}{n!}. \tag{4.3.7}$$

于是,

$$S(z) = \sum_{n=0}^{\infty} \frac{S^{(n)}(0)}{n!} z^n. \tag{4.3.8}$$

更一般地, 幂级数(4.3.1)的和函数 $S(z)$ 在其收敛圆域 $\Delta(a,R)$ 上解析, 并且任意阶可导, 其 p 阶导数满足

$$S^{(p)}(z) = \sum_{n=p}^{\infty} n(n-1)\cdots[n-(p-1)]c_n (z-a)^{n-p}, \tag{4.3.9}$$

从而系数

$$c_n = \frac{S^{(n)}(a)}{n!}. \qquad (4.3.10)$$

于是也就有

$$S(z) = \sum_{n=0}^{\infty} \frac{S^{(n)}(a)}{n!}(z-a)^n. \qquad (4.3.11)$$

练习 4.4

1. 求下列幂级数的收敛半径：

(1) $\sum_{n=1}^{\infty} n^n z^n$；

(2) $\sum_{n=1}^{\infty} \frac{z^n}{n!}$；

(3) $\sum_{n=1}^{\infty} n! z^n$；

(4) $\sum_{n=1}^{\infty} q^{n^2} z^n (|q|<1)$；

(5) $\sum_{n=0}^{\infty} (1+i)^n z^n$；

(6) $\sum_{n=1}^{\infty} e^{\frac{i\pi}{n}} z^n$.

2. 证明：如果 $\lim\limits_{n\to\infty} \frac{a_{n+1}}{a_n}$ 存在，那么三个幂级数 $\sum\limits_{n=0}^{\infty} a_n z^n$，$\sum\limits_{n=0}^{\infty} \frac{a_n}{n+1} z^n$，$\sum\limits_{n=1}^{\infty} n a_n z^{n-1}$ 有相同的收敛半径.

3. 讨论幂级数 $\sum\limits_{n=0}^{\infty} (z^{n+1} - z^n)$ 的敛散性.

4. 求幂级数 $\sum\limits_{n=0}^{\infty} (n+1) z^n$ 的和函数.

5. 利用幂级数的和函数计算积分 $\int_C \sum\limits_{n=-1}^{\infty} z^n \mathrm{d}z$，其中 C 为 $|z| = \frac{1}{2}$.

4.4 解析函数的幂级数展开

幂级数 (4.3.1) 的和函数 $S(z)$ 满足式 (4.3.11). 现考虑相反的过程, 对一个点 a 处解析的函数 f, 可获得一个幂级数

$$\sum_{n=0}^{\infty} \frac{f^{(n)}(a)}{n!}(z-a)^n, \qquad (4.4.1)$$

其称为函数 f 在点 a 处的**泰勒幂级数展开**, 当 $a=0$ 时也称为**麦克劳林幂级数展开**.

在数学分析中, 我们知道实无穷阶可导函数的泰勒幂级数展开的和函数未必是该函数本身. 然而, 与实函数不同, 复解析函数的泰勒幂级数展开

的和函数必是其自身.

定理 4.4.1(泰勒定理) 设函数 f 在区域 D 解析,$a\in D$ 及 $R>0$ 使得 $\Delta(a,R)\subset D$,则 f 在点 a 处的泰勒幂级数展开(4.4.1)于圆域 $\Delta(a,R)$ 内闭一致收敛于 f:

$$f(z)=\sum_{n=0}^{\infty}\frac{f^{(n)}(a)}{n!}(z-a)^n,\quad z\in\Delta(a,R). \qquad (4.4.2)$$

证明 设 $E\subset\Delta(a,R)$ 为任一闭集,则存在正数 $\delta<R$ 使得 $E\subset\Delta(a,\delta)$. 取定正数 ρ 满足 $\delta<\rho<R$(图 4-1),则根据柯西高阶导数公式有

$$\frac{f^{(n)}(a)}{n!}=\frac{1}{2\pi i}\int_{|\zeta-a|=\rho}\frac{f(\zeta)}{(\zeta-a)^{n+1}}d\zeta.$$

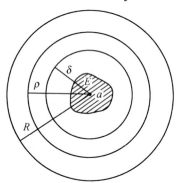

图 4-1

于是,当 $z\in E$ 时,f 在点 a 处泰勒幂级数展开(4.4.1)的前 $m+1$ 项和为

$$S_m(z)=\sum_{n=0}^{m}\frac{(z-a)^n}{2\pi i}\int_{|\zeta-a|=\rho}\frac{f(\zeta)}{(\zeta-a)^{n+1}}d\zeta$$

$$=\frac{1}{2\pi i}\int_{|\zeta-a|=\rho}f(\zeta)\Big[\sum_{n=0}^{m}\frac{(z-a)^n}{(\zeta-a)^{n+1}}\Big]d\zeta. \qquad (4.4.3)$$

由

$$\sum_{n=0}^{m}\frac{(z-a)^n}{(\zeta-a)^{n+1}}=\frac{1}{\zeta-a}\cdot\frac{1-\left(\frac{z-a}{\zeta-a}\right)^{m+1}}{1-\frac{z-a}{\zeta-a}}=\frac{1-\left(\frac{z-a}{\zeta-a}\right)^{m+1}}{\zeta-z},$$

得到

$$S_m(z)=\frac{1}{2\pi i}\int_{|\zeta-a|=\rho}f(\zeta)\frac{1-\left(\frac{z-a}{\zeta-a}\right)^{m+1}}{\zeta-z}d\zeta$$

$$=\frac{1}{2\pi i}\int_{|\zeta-a|=\rho}\frac{f(\zeta)}{\zeta-z}d\zeta-\frac{1}{2\pi i}\int_{|\zeta-a|=\rho}\frac{f(\zeta)}{\zeta-z}\left(\frac{z-a}{\zeta-a}\right)^{m+1}d\zeta. \qquad (4.4.4)$$

于是

$$|S_m(z)-f(z)|\leqslant\frac{1}{2\pi}\int_{|\zeta-a|=\rho}\frac{|f(\zeta)|}{|\zeta-z|}\left(\frac{|z-a|}{|\zeta-a|}\right)^{m+1}|d\zeta|. \qquad (4.4.5)$$

由于 $|f(\zeta)|$ 在 $|\zeta-a|=\rho$ 上有界,即存在正数 M 使得 $|f(\zeta)|\leqslant M$,及 $|z-a|\leqslant$

$\delta < \rho, |\zeta - z| = |\zeta - a - (z-a)| \geqslant |\zeta - a| - |z-a| \geqslant \rho - \delta$, 由上式得

$$|S_m(z) - f(z)| \leqslant \frac{\rho M}{\rho - \delta} \left(\frac{\delta}{\rho}\right)^{m+1}. \tag{4.4.6}$$

由此可知函数列 $\{S_m(z)\}$ 于 E 一致收敛于函数 $f(z)$. □

根据定理 4.4.1,解析初等函数可以有泰勒级数展开.展开的方式可以通过计算中心处的各阶导数值而得到,也可利用一些已知幂级数及幂级数的运算得到.前者通常适用于求导运算简单的函数,如 e^z 等.对于较复杂的函数,通常都用后者.

例 4.4.1 由于指数函数 e^z 在整个复平面 $\mathbf{C}$ 上解析,并且 $(e^z)^{(n)}|_{z=0} = 1$. 由此有麦克劳林幂级数展开

$$e^z = 1 + z + \frac{z^2}{2!} + \cdots + \frac{z^n}{n!} + \cdots, \quad z \in \mathbf{C}. \tag{4.4.7}$$

□

例 4.4.2 利用上述指数函数的幂级数展开,可得正弦、余弦函数的麦克劳林幂级数展开:

$$\sin z = \frac{e^{iz} - e^{-iz}}{2i} = \sum_{n=0}^{\infty} \frac{1}{n!} \cdot \frac{(iz)^n - (-iz)^n}{2i}$$

$$= \sum_{k=0}^{\infty} \frac{(-1)^k z^{2k+1}}{(2k+1)!}, \quad z \in \mathbf{C}. \tag{4.4.8}$$

$$\cos z = \frac{e^{iz} + e^{-iz}}{2} = \sum_{n=0}^{\infty} \frac{1}{n!} \cdot \frac{(iz)^n + (-iz)^n}{2}$$

$$= \sum_{k=0}^{\infty} \frac{(-1)^k z^{2k}}{(2k)!}, \quad z \in \mathbf{C}. \tag{4.4.9}$$

□

例 4.4.3 当 $\alpha \in \mathbf{C}$ 不是正整数或 0 时,幂函数 $(1+z)^\alpha$ 在单位圆盘 $\Delta(0,1)$ 解析,并且

$$((1+z)^\alpha)^{(n)}|_{z=0} = \alpha(\alpha-1)\cdots[\alpha-(n-1)],$$

由此有麦克劳林幂级数展开:

$$(1+z)^\alpha = 1 + \alpha z + \frac{\alpha(\alpha-1)}{2!} z^2 + \cdots +$$

$$\frac{\alpha(\alpha-1)\cdots[\alpha-(n-1)]}{n!} z^n + \cdots, \quad z \in \Delta(0,1). \tag{4.4.10}$$

可借助于组合数,记

$$\binom{n}{\alpha} = \frac{\alpha(\alpha-1)\cdots[\alpha-(n-1)]}{n!},$$

而将上式记为

$$(1+z)^\alpha = 1 + \binom{1}{\alpha} z + \binom{2}{\alpha} z^2 + \cdots + \binom{n}{\alpha} z^n + \cdots, \quad z \in \Delta(0,1). \tag{4.4.11}$$

由此也可得到

$$(1-z)^\alpha = 1 - \binom{1}{\alpha} z + \binom{2}{\alpha} z^2 + \cdots + (-1)^n \binom{n}{\alpha} z^n + \cdots, \quad z \in \Delta(0,1).$$
(4.4.12)

特别地,$\alpha = -1$ 时有

$$\frac{1}{1-z} = 1 + z + z^2 + \cdots + z^n + \cdots, \quad z \in \Delta(0,1). \qquad (4.4.13)$$

例 4.4.4 求 $\sqrt{z}$ 在 $z = 1$ 处的泰勒幂级数展开.

解 令 $t = z - 1$,则 $z = 1 + t$,从而

$$\sqrt{z} = \sqrt{1+t} = 1 + \sum_{n=1}^{\infty} \binom{n}{\frac{1}{2}} t^n = 1 + \sum_{n=1}^{\infty} \binom{n}{\frac{1}{2}} (z-1)^n, \quad z \in \Delta(1,1).$$

因为

$$\binom{n}{\frac{1}{2}} = \frac{\frac{1}{2}\left(\frac{1}{2}-1\right) \cdots \left[\frac{1}{2}-(n-1)\right]}{n!} = \frac{(-1)^{n-1}(2n-3)!!}{(2n)!!},$$

所以

$$\sqrt{z} = 1 + \sum_{n=1}^{\infty} \frac{(-1)^{n-1}(2n-3)!!}{(2n)!!} (z-1)^n, \quad z \in \Delta(1,1).$$

例 4.4.5 对数函数 $\ln(1+z)$ 在单位圆 $\Delta(0,1)$ 解析,并且

$$[\ln(1+z)]^{(n)}\big|_{z=0} = (-1)^{n-1}(n-1)!,$$

因此有麦克劳林级数展开

$$\ln(1+z) = \sum_{n=1}^{\infty} \frac{(-1)^{n-1}}{n} z^n, \quad z \in \Delta(0,1).$$

练习 4.5

1. 求函数 $f(z) = \dfrac{1}{z^2}$ 在 $z = 1$ 处的泰勒幂级数展开.

2. 求函数 $f(z) = \dfrac{1}{3-2z}$ 在 $z = -1$ 处的泰勒幂级数展开.

3. 将函数 $f(z) = \dfrac{z}{z+2}$ 按 $z-1$ 的幂展开.

4. 求函数 $f(z) = \dfrac{1}{4-3z}$ 在 $z = 1+i$ 处的泰勒幂级数展开.

5. 求函数 $f(z) = \sin^2 z$ 在 $z = 0$ 处的麦克劳林幂级数展开.

4.5 解析函数零点的孤立性

函数的零点就是定义域中函数取值为 0 的点. 本节中, 我们将研究解析函数在其零点处的性质.

设区域 D 内的解析函数 f 有零点 $a \in D$: $f(a)=0$. 取定一数 $R>0$ 使得 $\Delta(a,R) \subset D$. 根据定理 4.4.1, 解析函数 f 在 $\Delta(a,R)$ 有泰勒级数展开

$$f(z) = f'(a)(z-a) + \frac{f''(a)}{2!}(z-a)^2 + \cdots +$$
$$\frac{f^{(n)}(a)}{n!}(z-a)^n + \cdots, \quad z \in \Delta(a,R). \tag{4.5.1}$$

假设 f 在 $\Delta(a,R)$ 不恒为零, 则系数不能全为 0, 从而存在正整数 m, 使得

$$f(a) = f'(a) = \cdots = f^{(m-1)}(a) = 0, \quad f^{(m)}(a) \neq 0. \tag{4.5.2}$$

此正整数 m 称为零点 a 的**重级**(或**阶**), 亦称 a 为 m **重零点**(或 m **阶零点**). 特别地, 当 $m=1$ 时, 称 a 为**单零点**. 于是, 在 m 重零点 a 处的泰勒幂级数展开为

$$f(z) = \frac{f^{(m)}(a)}{m!}(z-a)^m + \frac{f^{(m+1)}(a)}{(m+1)!}(z-a)^{m+1} + \cdots, \quad z \in \Delta(a,R). \tag{4.5.3}$$

记

$$\varphi(z) = \frac{f^{(m)}(a)}{m!} + \frac{f^{(m+1)}(a)}{(m+1)!}(z-a) + \cdots, \quad z \in \Delta(a,R), \tag{4.5.4}$$

则 φ 也于 $\Delta(a,R)$ 解析, 并且 $\varphi(a) = \frac{f^{(m)}(a)}{m!} \neq 0$.

于是, 在 $\Delta(a,R)$ 上有

$$f(z) = (z-a)^m \varphi(z). \tag{4.5.5}$$

由于 $\varphi(a) \neq 0$ 并且 φ 于 $\Delta(a,R)$ 解析进而连续, 由连续函数保非零性, 在 a 的某个邻域 $\Delta(a,\delta) \subset \Delta(a,R)$ 上, $\varphi(z) \neq 0$. 于是, 我们得到解析函数的如下重要性质, 通常称为解析函数零点的孤立性, 其对一般的非解析函数是不成立的.

定理 4.5.1 若区域 D 内解析函数 f 有零点 $a \in D$ 并且在某圆域 $\Delta(a,R) \subset D$ 不恒为 0, 则存在 a 的某邻域 $\Delta(a,\delta) \subset \Delta(a,R)$, 使得解析函数 f 在邻域 $\Delta(a,\delta)$ 内除点 a 之外, 没有其他零点. ∎

由此, 我们可得到如下**解析函数唯一性定理**.

定理 4.5.2 设区域 D 内解析函数 f 在某个子集 $E \subset D$ 上取 0 值: 当

$z \in E$ 时, $f(z) = 0$. 若 E 有聚点 $a \in D$, 则 f 于区域 D 恒为 0: $f \equiv 0$ 于 D.

证明 取定圆域 $\Delta(a, R) \subset D$. 先证明 f 于此圆域恒为 0. 由于 $a \in D$ 为 E 的聚点, 因此存在点列 $\{z_n\} \subset E$ 收敛于 a 并且 $z_n \neq a$. 按题设, $f(z_n) = 0$. 由于 f 于 D 解析, 当然一定连续, 从而令 $n \to \infty$, 即得 $f(a) = 0$. 即 $a \in D$ 也是 f 的零点. 但由于 a 是其他零点 $\{z_n\}$ 的极限点, 因此由上述零点孤立性知函数 f 在 $\Delta(a, R) \subset D$ 上必恒为 0.

再证明 f 于整个 D 恒为零. 为此任意取定一点 $w \in D$. 由区域 D 的连通性, 可作一条落在 D 内部的折线 L 连接点 a 和 w. 根据有限覆盖定理, 如图 4-2 所示, 存在有限个圆域 $\Delta_i \subset D$, $1 \leq i \leq k$, 使得每个 Δ_i 的圆心在 L 上, Δ_1 的圆心为 a, Δ_k 的圆心为 w, Δ_{i+1} 的圆心在 Δ_i 的内部, 并且

$$L \subset \bigcup_{i=1}^{k} \Delta_i \subset D.$$

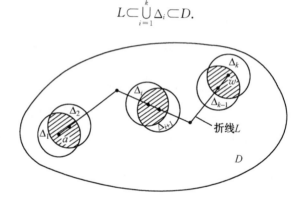

图 4-2

由前述知, 函数 f 于 Δ_1 恒为 0. 于是由于 Δ_2 的圆心在 Δ_1 的内部, 根据零点孤立性知函数 f 于 Δ_2 也恒为 0. 依次地, 函数 f 于 $\Delta_3, \cdots, \Delta_k$ 都恒为 0. 特别地, 得到 $f(w) = 0$. 由 $w \in D$ 的任意性, 函数 f 于区域 D 恒为 0. □

根据定理 4.5.2, 有如下更一般的解析函数唯一性定理.

定理 4.5.3 设区域 D 内两解析函数 f 和 g 在某个子集 $E \subset D$ 上相等: 当 $z \in E$ 时, $f(z) = g(z)$. 若 E 有聚点 $a \in D$, 则 f 和 g 于区域 D 恒等: $f \equiv g$ 于 D. □

对函数 $F = f - g$ 引用定理 4.5.2 便可证得该定理.

解析函数唯一性定理 4.5.2 和 4.5.3 的实际应用中, 经常考虑子集 E 是子区域或小弧段.

例 4.5.1 若区域 D 内两解析函数 f 和 g 的乘积恒等于 0: $fg \equiv 0$ 于 D, 则至少有一个本身恒等于 0: 在 D 内, $f \equiv 0$ 或 $g \equiv 0$.

证明 假设 $f \not\equiv 0$, 则存在点 $a \in D$ 使得 $f(a) \neq 0$. 因为 f 于 D 解析进而连续, 由连续函数局部保非零性, $f \neq 0$ 于某邻域 $\Delta(a, \delta) \subset D$. 按条件 $fg \equiv 0$ 就知 $g \equiv 0$ 于邻域 $\Delta(a, \delta) \subset D$. 由于 g 于 D 解析, 因此根据唯一性定理 4.5.2 知 $g \equiv 0$ 于整个 D. □

唯一性定理的一个有用的推论是在实轴某区间上成立的恒等式,当等式两边的函数在复平面上包含该实轴区间的某区域上解析时,该恒等式在这个区域上也成立. 由此,我们可知
$$\sin^2 z + \cos^2 z = 1,$$
$$\sin(2z) = 2\sin z \cos z$$
等三角恒等式在复数域仍成立.

例 4.5.2 证明:当 $|z|<1$ 时,有
$$\ln(1+z) = \sum_{n=1}^{\infty} \frac{(-1)^{n-1}}{n} z^n. \tag{4.5.6}$$

证明 记式(4.5.6)右端幂级数为 g. 容易验证其收敛半径为 1,因此 g 在单位圆域 $\Delta(0,1)$ 解析. 注意到 $\ln(1+z)$ 也在单位圆域 $\Delta(0,1)$ 解析,并且在实轴区间 $(-1,1)$ 上成立 $\ln(1+x) = g(x)$,从而由唯一性定理知等式(4.5.6)于单位圆域 $\Delta(0,1)$ 成立. □

练习 4.6

1. 求函数 $\sin z - 1$ 在复平面上的所有零点,并指出它们的阶数.

2. 判断 $z=0$ 为函数 $z^2(e^{z^2}-1)$ 的几阶零点.

3. 设 $z=a$ 分别是 $f(z)$ 的 k 重零点和 $g(z)$ 的 l 重零点,证明:$z=a$ 是 $f(z)g(z)$ 的 $k+l$ 重零点,$f(z)/g(z)$ 的 $k-l$ 重零点,且 $f(z)+g(z)$ 的零点重数不超过 $\max\{k,l\}$.

4. 找出 $f(z) = z^2 \sin z$ 的零点,并判别其重数.

5. 试用解析函数唯一性定理证明:$\cos 2z = 1 - 2\sin^2 z = 2\cos^2 z - 1$.

6. 函数 $\sin \frac{1}{1-z}$ 的零点 $1 - \frac{1}{n\pi}(n = \pm 1, \pm 2, \pm 3, \cdots)$ 所成的集有聚点 1,但该函数不恒等于零,试问这与解析函数唯一性是否相矛盾?

7. 设 z_0 为解析函数 $f(z)$ 的至少 n 阶零点,又为解析函数 $g(z)$ 的 n 阶零点,试证:
$$\lim_{z \to z_0} \frac{f(z)}{g(z)} = \frac{f^{(n)}(z_0)}{g^{(n)}(z_0)}, \quad g^{(n)}(z_0) \neq 0.$$

4.6 解析函数最大模原理与施瓦茨引理

无论对实函数还是复函数，值域总是一个重要的研究对象.对于实函数，自然就要研究其可能的最大值和最小值；对于复函数，由于复数不能比较大小，因此转为考虑函数模可能的最大值和最小值，即最大模和最小模.一般来讲，无论实函数还是复函数，最大或最小值(模)点都可以出现在定义域的任何地方.然而，对非常数解析函数而言，本节中将证明函数模的最大值不会在区域的内部达到.这个定理可以说是解析函数最重要和最有用的定理之一，常被称为**最大模原理**.

定理 4.6.1 区域 D 内的非常数解析函数 f，其模 $|f|$ 不可能于 D 内达到最大值.若进一步地，函数 f 于闭区域 $\overline{D}$ 连续，则其模 $|f|$ 只可能于边界 ∂D 上达到最大值.

证明 假设 f 的模 $|f|$ 在点 $z_0 \in D$ 处达到最大值：对任何 $z \in D$，
$$|f(z)| \leqslant |f(z_0)| = M.$$

由于 $z_0 \in D$，因此存在 $\Delta(z_0, R) \subset D$.从而由平均值定理(定理 3.2.5)，对任何 $0 < r < R$ 有

$$\begin{aligned} M = |f(z_0)| &= \left| \frac{1}{2\pi} \int_0^{2\pi} f(z_0 + re^{i\theta}) d\theta \right| \\ &\leqslant \frac{1}{2\pi} \int_0^{2\pi} |f(z_0 + re^{i\theta})| d\theta \\ &\leqslant \frac{1}{2\pi} \int_0^{2\pi} M d\theta = M. \end{aligned} \quad (4.6.1)$$

由于 $|f(z)|$ 是连续函数，因此式 (4.6.1) 表明对任何 θ 都有 $|f(z_0 + re^{i\theta})| = M$.再由 $r : 0 < r < R$ 的任意性就知对任何 $z \in \Delta(z_0, R)$ 有 $|f(z)| = M$.于是，根据先前的一个习题(练习 2.2 的第 4 题)，f 在圆域 $\Delta(z_0, R)$ 上是一个常数.最后，根据唯一性定理 4.5.3 就知，函数 f 在整个区域 D 上同样是常数. □

根据最大模原理，可得到如下**最小模原理**.

定理 4.6.2 对区域 D 内的不取 0 值的非常数解析函数 f，其模 $|f|$ 不可能在 D 内达到最小值.若进一步地，函数 f 于闭区域 $\overline{D}$ 连续，则其模 $|f|$ 只可能于边界 ∂D 上达到最小值.

证明 由于 $f \neq 0$，因此 $\dfrac{1}{f}$ 在区域 D 内解析.从而对函数 $\dfrac{1}{f}$ 应用最大模原理即得. □

例 4.6.1 求最大模
$$M = \max_{|z-\mathrm{i}|\leqslant 1} |\mathrm{e}^z|.$$

解 由于 $|\mathrm{e}^z|$ 在有界闭圆盘 $|z-\mathrm{i}|\leqslant 1$ 上连续,因此最大值必存在. 再由于函数 e^z 非常数且解析,因此最大模不可能在区域内部达到,即只能在边界 $\Gamma: |z-\mathrm{i}|=1$ 达到. 在 Γ 上,可设 $z = \mathrm{i}+\mathrm{e}^{\mathrm{i}\theta} = \cos\theta + \mathrm{i}(1+\sin\theta)$,从而
$$|\mathrm{e}^z| = |\mathrm{e}^{\cos\theta + \mathrm{i}(1+\sin\theta)}| = \mathrm{e}^{\cos\theta}.$$

由此易知,$|\mathrm{e}^z|$ 在 Γ 上,进而在整个闭圆盘上的最大值为 e,在点 $z = 1 + \mathrm{i}$ 处达到. □

例 4.6.2 证明:若函数 f 于闭圆盘 $\overline{\Delta}(0,R)$ 连续,于开圆盘 $\Delta(0,R)$ 解析,并且当 $|z|=R$ 时 $|f(z)|>|f(0)|$,则 f 在圆盘 $\Delta(0,R)$ 内至少有一个零点.

证明 假设 f 在圆盘 $\Delta(0,R)$ 内没有零点,则 $f(0)\neq 0$. 从而按条件,当 $|z|=R$ 时 $|f(z)|>|f(0)|>0$,因此在圆周 $|z|=R$ 上 $f(z)\neq 0$,进而在整个闭圆盘 $\overline{\Delta}(0,R)$ 上 $f(z)\neq 0$,并且 f 不是常值函数. 又由于函数 f 于闭圆盘 $\overline{\Delta}(0,R)$ 连续,故其必有最小模. 现在应用最小模原理知,最小模只能在边界达到,从而有
$$|f(0)| > \min_{|z|=R}|f(z)| = |f(z_0)|, \quad |z_0| = R.$$

此与条件矛盾. □

作为最大模原理的一个重要应用,我们将证明如下定理,其通常被称为**施瓦茨(Schwarz)引理**. 该引理对复分析有着深刻的影响.

定理 4.6.3 若单位圆 $\Delta(0,1)$ 内的解析函数 f 满足
$$f(0) = 0, \quad |f(z)| < 1, \tag{4.6.2}$$
则有
$$|f'(0)| \leqslant 1, \tag{4.6.3}$$
并且当 $|z|<1$ 时
$$|f(z)| \leqslant |z|. \tag{4.6.4}$$
特别地,若式(4.6.3)中等号成立或式(4.6.4)在某一点 $z_0 \in \Delta(0,1)$ 处等号成立,则 f 必具有形式
$$f(z) = cz, \tag{4.6.5}$$
其中 c 为单位复数:$|c|=1$.

证明 由于 f 在单位圆 $\Delta(0,1)$ 内解析并且 $f(0)=0$,因此函数 f 有幂级数展开:
$$f(z) = a_1 z + a_2 z^2 + \cdots + a_n z^n + \cdots, \quad |z|<1.$$
现在令
$$\varphi(z) = a_1 + a_2 z + \cdots + a_n z^{n-1} + \cdots, \quad |z|<1,$$

则此幂级数与 f 的幂级数展开有相同的收敛半径,从而知 φ 也在单位圆 $\Delta(0,1)$ 内解析. 特别地,由于当 $z\neq 0$ 时 $\varphi(z)=\dfrac{f(z)}{z}$,进而由条件(4.6.2)知,当 $z\neq 0$ 时有 $|\varphi(z)|<\dfrac{1}{|z|}$.

现对 φ 应用最大模原理. 给定点 $z:|z|<1$,则对任何数 $r:|z|<r<1$ 有
$$|\varphi(z)|\leqslant \max_{|\zeta|\leqslant r}|\varphi(\zeta)|=\max_{|\zeta|=r}|\varphi(\zeta)|\leqslant \max_{|\zeta|=r}\dfrac{1}{|\zeta|}=\dfrac{1}{r}.$$
由 r 的任意性,令 $r\to 1^-$ 即得
$$|\varphi(z)|\leqslant 1,\quad |z|<1.$$
由此即知 $|f'(0)|=|\varphi(0)|\leqslant 1$,及当 $|z|<1$ 时有 $|f(z)|\leqslant |z|$.

进一步地,若式(4.6.3)中等号成立或式(4.6.4)在某一点 $z_0\in\Delta(0,1)$ 处等号成立,则函数 φ 在单位圆 $\Delta(0,1)$ 内部点 z_0 处达到最大模 1. 根据最大模原理,这导致函数 $\varphi=c$ 为常数. 显然 $|c|=1$. 由此即得式(4.6.5). □

施瓦茨引理有着重要而清晰的几何意义. 保持原点不动的解析变换 $f:\Delta(0,1)\to\Delta(0,1)$,其任何像点 $w=f(z)$ 都比原像点 $z\in\Delta(0,1)$ 离原点更近 (图 4-3),除非变换 f 是一个旋转.

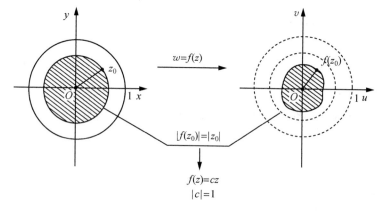

图 4-3

练习 4.7

1. 证明:若函数 $f(z)$ 在区域 D 内解析,则
   $\mathrm{Re}\,f(z)$ 可在区域 D 内取得最大值 $\Leftrightarrow$ 在区域 D 内,$f(z)\equiv$ 常数.
2. 求函数 $f(z)=z^2-2z$ 在闭圆盘 $\overline{\Delta}(0,1)$ 上的最大模和最小模.
3. 用最小模原理证明代数基本定理.

第五章　洛朗展开与孤立奇点

5.1　解析函数的洛朗展开

本章将考虑由正幂级数

$$c_0 + c_1(z-a) + c_2(z-a)^2 + \cdots + c_n(z-a)^n + \cdots \tag{5.1.1}$$

与负幂级数

$$c_{-1}(z-a)^{-1} + c_{-2}(z-a)^{-2} + \cdots + c_{-n}(z-a)^{-n} + \cdots$$

$$= \frac{c_{-1}}{z-a} + \frac{c_{-2}}{(z-a)^2} + \cdots + \frac{c_{-n}}{(z-a)^n} + \cdots \tag{5.1.2}$$

的和

$$\cdots + c_{-n}(z-a)^{-n} + \cdots + c_{-2}(z-a)^{-2} + c_{-1}(z-a)^{-1} +$$
$$c_0 + c_1(z-a) + c_2(z-a)^2 + \cdots + c_n(z-a)^n + \cdots \tag{5.1.3}$$

所形成的以 a 为中心的**双向幂级数**,常记为

$$\sum_{n=-\infty}^{+\infty} c_n(z-a)^n. \tag{5.1.4}$$

幂级数(5.1.1)称为双向幂级数(5.1.4)的**正则部分**,由上一章可知,正则部分通常有收敛圆域 $\Delta(a, R)$,并在其上表示一解析函数.

负幂级数(5.1.2)称为双向幂级数(5.1.4)的**主要部分**,通过代换

$$\zeta = \frac{1}{z-a},$$

可转换为正幂级数

$$c_{-1}\zeta + c_{-2}\zeta^2 + \cdots + c_{-n}\zeta^n + \cdots. \tag{5.1.5}$$

按照幂级数的性质,幂级数(5.1.5)有收敛圆域 $\Delta(0, R') = \{\zeta: |\zeta| < R'\}$,因此主要部分负幂级数(5.1.2)于区域 $D = \{z: |z-a| > r\}$ 内闭一致收

敛,这里 $r=\dfrac{1}{R'}$;当 $R'=+\infty$ 时,$r=0$. 于是主要部分(5.1.2)也表示一个区域 $D=\{z:|z-a|>r\}$ 内的解析函数.

因此,当 $r<R$ 时,正负幂级数(5.1.1)和(5.1.2)有公共收敛区域:圆环 $A(a;r,R)=\{z\mid r<|z-a|<R\}$,称为双向幂级数(5.1.4)的**收敛圆环**. 换句话说,双向幂级数(5.1.4)在其收敛圆环 $A(a;r,R)$ 内表示一解析函数.

我们知道圆盘内的解析函数有以圆心为中心的幂级数展开,因此可自然地考虑圆环 $A(a;r,R)$ 内解析函数是否有以圆心为中心的双向幂级数展开. 对此,我们有如下的**洛朗(Laurent)级数展开定理**.

定理 5.1.1 设函数 f 在圆环 $A(a;r,R)(0\leqslant r<R\leqslant +\infty)$ 内解析,$r<\rho<R$,并记

$$c_n=\frac{1}{2\pi i}\int_{|\zeta-a|=\rho}\frac{f(\zeta)}{(\zeta-a)^{n+1}}d\zeta \quad (n=0,\pm 1,\pm 2,\cdots), \tag{5.1.6}$$

则双向幂级数(5.1.4)于圆环 $A(a;r,R)$ 内闭一致收敛于 f:

$$f(z)=\sum_{n=-\infty}^{+\infty}c_n(z-a)^n. \tag{5.1.7}$$

证明[*] 对任一有界闭集 $E\subset A(a;r,R)$,存在正数 $r<\omega<\Omega<R$ 使得 $E\subset\overline{A}(a;\omega,\Omega)$. 取定 ρ_1,ρ_2 满足

$$r<\rho_1<\omega<\Omega<\rho_2<R,$$

如图 5-1 所示.

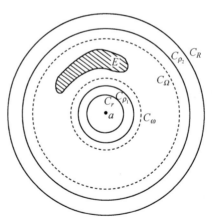

记号:$C_\rho=\{\zeta:|\zeta-a|=\rho\}$

图 5-1

由于函数 f 在圆环 $A(a;r,R)$ 内解析,因此由柯西积分定理知式(5.1.6)中的积分与数 ρ 无关,从而有

$$c_n=\frac{1}{2\pi i}\int_{|\zeta-a|=\rho_2}\frac{f(\zeta)}{(\zeta-a)^{n+1}}d\zeta \quad (n=0,1,2,\cdots), \tag{5.1.8}$$

$$c_n=\frac{1}{2\pi i}\int_{|\zeta-a|=\rho_1}\frac{f(\zeta)}{(\zeta-a)^{n+1}}d\zeta \quad (n=-1,-2,\cdots). \tag{5.1.9}$$

于是与上一章泰勒定理的证明一样,我们可得当 $n>0$ 时,
$$S_n^+(z)=c_0+c_1(z-a)+\cdots+c_n(z-a)^n$$
$$=\frac{1}{2\pi i}\int_{|\zeta-a|=\rho_2}\frac{f(\zeta)}{\zeta-z}d\zeta-\frac{1}{2\pi i}\int_{|\zeta-a|=\rho_2}\frac{f(\zeta)}{\zeta-z}\left(\frac{z-a}{\zeta-a}\right)^{n+1}d\zeta.$$
(5.1.10)

从而在 E 上
$$S_n^+(z) \rightrightarrows \frac{1}{2\pi i}\int_{|\zeta-a|=\rho_2}\frac{f(\zeta)}{\zeta-z}d\zeta. \tag{5.1.11}$$

由此可知正幂级数
$$\sum_{n=0}^{+\infty}c_n(z-a)^n=\frac{1}{2\pi i}\int_{|\zeta-a|=\rho_2}\frac{f(\zeta)}{\zeta-z}d\zeta. \tag{5.1.12}$$

类似地,当 $m>0$ 时,有
$$S_m^-(z)=c_{-1}(z-a)^{-1}+c_{-2}(z-a)^{-2}+\cdots+c_{-m}(z-a)^{-m}$$
$$=\frac{1}{2\pi i}\int_{|\zeta-a|=\rho_1}\frac{f(\zeta)}{z-\zeta}d\zeta-\frac{1}{2\pi i}\int_{|\zeta-a|=\rho_1}\frac{f(\zeta)}{z-\zeta}\left(\frac{\zeta-a}{z-a}\right)^m d\zeta,$$
(5.1.13)

从而在 E 上
$$S_m^-(z) \rightrightarrows \frac{1}{2\pi i}\int_{|\zeta-a|=\rho_1}\frac{f(\zeta)}{z-\zeta}d\zeta, \tag{5.1.14}$$

即负幂级数也有
$$\sum_{n=-\infty}^{-1}c_n(z-a)^n=\frac{1}{2\pi i}\int_{|\zeta-a|=\rho_1}\frac{f(\zeta)}{z-\zeta}d\zeta. \tag{5.1.15}$$

于是,由式(5.1.12)、式(5.1.15)及柯西积分公式即知
$$\sum_{n=-\infty}^{+\infty}c_n(z-a)^n=\frac{1}{2\pi i}\int_{|\zeta-a|=\rho_1}\frac{f(\zeta)}{z-\zeta}d\zeta+\frac{1}{2\pi i}\int_{|\zeta-a|=\rho_2}\frac{f(\zeta)}{\zeta-z}d\zeta$$
$$=\frac{1}{2\pi i}\int_{|\zeta-a|=\rho_2}\frac{f(\zeta)}{\zeta-z}d\zeta-\frac{1}{2\pi i}\int_{|\zeta-a|=\rho_1}\frac{f(\zeta)}{\zeta-z}d\zeta=f(z),$$
(5.1.16)

并且于 E 一致收敛,即于 $A(a;r,R)$ 内闭一致收敛于 f. □

由于展开式(5.1.7)中的 c_n 与 ρ 无关,因此展开式(5.1.7)由 f 完全确定而唯一. 该展开式通常称为函数 f 以点 a 为中心的**洛朗展开**,而 c_n 就称为**洛朗系数**. 与求解析函数的泰勒展开式一样,对于洛朗展式,亦很少直接用公式去确定系数得到,而是采用一些熟悉的展开并通过四则运算等方式来获得.

例 5.1.1 函数
$$f(z)=\frac{1}{(z-1)(z-2)}$$
在圆盘 $\Delta(0,1)$、圆环 $A(0;1,2)$ 和圆环 $A(0;2,+\infty)$ 内解析,因此在 $\Delta(0,1)$

内有以 0 为中心的泰勒级数展开,在圆环 $A(0;1,2)$ 和圆环 $A(0;2,+\infty)$ 上则有以 0 为中心的洛朗级数展开.试给出这些级数展开.

解 首先注意到
$$f(z)=\frac{1}{z-2}-\frac{1}{z-1}.$$

于是当 $z\in\Delta(0,1)$ 时,
$$f(z)=\frac{1}{1-z}-\frac{1}{2\left(1-\frac{z}{2}\right)}=\sum_{n=0}^{+\infty}\left(1-\frac{1}{2^{n+1}}\right)z^n.$$

当 $z\in A(0;1,2)$ 时,$1<|z|<2$,从而
$$f(z)=-\frac{1}{z\left(1-\frac{1}{z}\right)}-\frac{1}{2\left(1-\frac{z}{2}\right)}=-\sum_{n=1}^{+\infty}\frac{1}{z^n}-\sum_{n=0}^{+\infty}\frac{z^n}{2^{n+1}}.$$

当 $z\in A(0;2,+\infty)$ 时,$2<|z|<+\infty$,从而
$$f(z)=\frac{1}{z\left(1-\frac{2}{z}\right)}-\frac{1}{z\left(1-\frac{1}{z}\right)}$$
$$=\frac{1}{z}\sum_{n=0}^{+\infty}\frac{2^n}{z^n}-\frac{1}{z}\sum_{n=0}^{+\infty}\frac{1}{z^n}=\sum_{n=2}^{+\infty}\frac{2^{n-1}-1}{z^n}.$$

练习 5.1

1. 求函数 $f(z)=\dfrac{e^z}{z^2}$ 在 $z=0$ 处的洛朗级数展开.

2. 求函数 $f(z)=\dfrac{1}{z(1-z)^2}$ 在 $z=0$ 处的洛朗级数展开.

3. 求函数 $f(z)=\dfrac{1}{z(1-z)^2}$ 在 $z=1$ 处的洛朗级数展开.

4. 将函数 $f(z)=\dfrac{1}{z^2+1}$ 展开为洛朗级数.

5. 函数 $\cos\dfrac{1}{z}$ 在 $z=0$ 的去心邻域内能否展开为洛朗级数?

5.2 解析函数的孤立奇点分类

如果函数 f 在点 $a\in \mathbf{C}$ 处不解析,但在该点的某空心邻域 $\Delta^\circ(a,\delta_0)$ 内解析,则称点 a 是 f 的**孤立奇点**. 空心邻域是一种特殊的圆环: $\Delta^\circ(a,\delta_0)=A(a;0,\delta_0)$,因此由定理 5.1.1 知,函数 f 在其孤立奇点处有洛朗展开:当 $z\in\Delta^\circ(a,\delta_0)$ 时,

$$f(z)=\sum_{n=-\infty}^{+\infty}c_n(z-a)^n=\sum_{n=-\infty}^{-1}c_n(z-a)^n+\sum_{n=0}^{+\infty}c_n(z-a)^n. \quad (5.2.1)$$

上述洛朗展开式中,正则部分 $\sum_{n=0}^{+\infty}c_n(z-a)^n$ 确定了一个在 a 处解析的函数,因此函数 f 在点 a 处的很多奇异性质是由主要部分 $\sum_{n=-\infty}^{-1}c_n(z-a)^n$ 所确定的.

现按照函数 f 在点 a 处的主要部分的表现形式,将孤立奇点做如下分类:

① 若主要部分消失,即当 $n<0$ 时有 $c_n=0$,则称点 a 为**可去奇点**. 此时,当 $z\in\Delta^\circ(a,\delta_0)$ 时有

$$f(z)=\sum_{n=0}^{+\infty}c_n(z-a)^n. \quad (5.2.2)$$

② 若主要部分只有有限项,即存在某 $m\in\mathbf{N}$,使得当 $n<-m$ 时 $c_n=0$,则称点 a 为**极点**. 此时,当 $z\in\Delta^\circ(a,\delta_0)$ 时有

$$f(z)=\frac{c_{-m}}{(z-a)^m}+\frac{c_{-(m-1)}}{(z-a)^{m-1}}+\cdots+\frac{c_{-1}}{z-a}+\sum_{n=0}^{+\infty}c_n(z-a)^n.$$

$$(5.2.3)$$

当 $c_{-m}\neq 0$ 时,称 a 为 f 的 **m 重极点**(或 **m 阶极点**). 1 重极点也叫**单极点**.

③ 如果主要部分有无限项,则称点 a 是 f 的**本性奇点**.

例 5.2.1 函数 $\dfrac{\sin z}{z}$ 以 0 为可去奇点. 事实上,当 $0<|z|<+\infty$ 时,

$$\frac{\sin z}{z}=\sum_{n=0}^{+\infty}\frac{(-1)^n}{(2n+1)!}z^{2n}=1-\frac{z^2}{3!}+\frac{z^4}{5!}-\cdots,$$

即 0 处的洛朗展开主要部分消失.

例 5.2.2 函数 $\dfrac{\sin z}{z^2}$ 以 0 为单极点. 事实上,当 $0<|z|<+\infty$ 时,

$$\frac{\sin z}{z^2}=\frac{1}{z}+\sum_{n=1}^{+\infty}\frac{(-1)^n}{(2n+1)!}z^{2n-1}=\frac{1}{z}-\frac{z}{3!}+\frac{z^3}{5!}-\cdots,$$

即 0 处的洛朗展开主要部分只有一项 $\dfrac{1}{z}$.

例 5.2.3 函数 $e^{\frac{1}{z}}$ 以 0 为本性奇点. 事实上, 当 $0<|z|<+\infty$ 时,
$$e^{\frac{1}{z}}=\cdots+\dfrac{1}{n!}\cdot\dfrac{1}{z^n}+\cdots+\dfrac{1}{2!}\cdot\dfrac{1}{z^2}+\dfrac{1}{z}+1.$$

现在来讨论解析函数在三种孤立奇点处的特征.

① 在可去奇点处, 式(5.2.2)的右端在实心邻域 $\Delta(a,\delta_0)$ 收敛, 因而表示一个解析函数. 换句话说, 函数 f 与一个在点 a 处取值 c_0 的解析函数在空心邻域 $\Delta^\circ(a,\delta_0)$ 内相等, 从而可通过令 $f(a)=c_0$ 使得 f 与该解析函数在实心邻域内完全相同而在 a 处解析. 这正是将这类奇点称为"可去"的原因. 正因如此, 以后对可去奇点, 除非特别说明, 都当作解析点处理.

根据如上分析可知: 函数 f 的孤立奇点 a 是可去奇点当且仅当 $\lim\limits_{z\to a}f(z)$ 存在且有限. 我们还可以证明: 函数 f 的孤立奇点 a 是可去奇点当且仅当函数 f 在点 a 的某空心邻域内有界. 事实上, 若函数 f 在点 a 的某空心邻域 $\Delta^\circ(a,\delta_0)$ 内有界 ($|f(z)|\leq M$), 则 a 处洛朗级数展开中主要部分的系数 c_n ($n<0$) 满足: 对任何充分小正数 ρ,

$$|c_n|=\left|\dfrac{1}{2\pi i}\int_{|\zeta-a|=\rho}\dfrac{f(\zeta)}{(\zeta-a)^{n+1}}d\zeta\right|$$

$$\leq\dfrac{1}{2\pi}\int_{|\zeta-a|=\rho}\dfrac{|f(\zeta)|}{|\zeta-a|^{n+1}}|d\zeta|$$

$$\leq\dfrac{1}{2\pi}\cdot\dfrac{M}{\rho^{n+1}}\cdot 2\pi\rho=M\rho^{-n}\to 0,\quad \rho\to 0^+.$$

从而主要部分的所有系数 $c_n=0$ ($n<0$), 即 a 为可去奇点.

② 在 (m 重)极点处, 由式(5.2.3)知, 当 $z\in\Delta^\circ(a,\delta_0)$ 时,

$$f(z)=\dfrac{c_{-m}}{(z-a)^m}+\dfrac{c_{-(m-1)}}{(z-a)^{m-1}}+\cdots+\dfrac{c_{-1}}{z-a}+\varphi(z),\quad c_{-m}\neq 0,$$

(5.2.4)

其中 φ 为由正则部分所确定的解析函数. 于是

$$f(z)=\dfrac{g(z)}{(z-a)^m},$$

(5.2.5)

其中

$$g(z)=c_{-m}+c_{-(m-1)}(z-a)+\cdots+c_{-1}(z-a)^{m-1}+(z-a)^m\varphi(z)$$

是实心邻域 $\Delta(a,\delta_0)$ 内的解析函数, 并且 $g(a)=c_{-m}\neq 0$.

反过来, 如果存在一个在 a 处解析的函数 g, 满足 $g(a)\neq 0$, 使得式(5.2.5)成立, 则容易验证 a 就是 f 的一个 m 重极点. 因此 a 为 f 的 m 重极点, 当且仅当存在一个在 a 处解析的函数 g 使得 $g(a)\neq 0$ 并且式(5.2.5)成立.

根据如上分析可知:

函数 f 的孤立奇点 a 是极点当且仅当 $\lim\limits_{z\to a} f(z)=\infty$；

函数 f 的孤立奇点 a 是 m 重极点当且仅当 $\lim\limits_{z\to a}(z-a)^m f(z)$ 有限且非零.

③ 在本性奇点处，由上述①和②可知：函数 f 的孤立奇点 a 是本性奇点当且仅当 $\lim\limits_{z\to a} f(z)$ 不存在(有限或∞).

例 5.2.4 给出函数

$$\frac{1}{\sin\frac{1}{z}}$$

的奇点.

解 由于 $z_k=\dfrac{1}{k\pi}(k=\pm 1,\pm 2,\cdots)$ 是 $\sin\dfrac{1}{z}$ 的单零点，因此它是所论函数的单极点. 又 0 也是奇点，但是是非孤立奇点，因为 0 是极点 z_k 的极限点. □

上述讨论的是有限孤立奇点的分类. 据此，利用**反演变换**

$$z \to \frac{1}{z}$$

可以讨论孤立奇点 ∞ 的分类：首先，如果函数 f 在

$$\Delta^\circ(\infty)=\{z:0<R<|z|<+\infty\}$$

解析，则称 ∞ 是 f 的孤立奇点. 此时，0 是解析函数

$$g(z)=f\left(\frac{1}{z}\right) \tag{5.2.6}$$

的孤立奇点. 我们按照 0 是函数 g 的可去奇点、(m 重)极点、本性奇点而定义 ∞ 是函数 f 的可去奇点、(m 重)极点、本性奇点. 例如，∞ 是函数 $\dfrac{z+1}{z-1}$ 和 $e^{\frac{1}{z}}$ 的可去奇点，是函数 z^2+1 的 2 重极点，是 e^z 和 $\sin z$ 的本性奇点.

设在孤立奇点 0 处，解析函数 g 有洛朗级数展开

$$g(z)=\sum_{n=-\infty}^{-1} c_n^* z^n + \sum_{n=0}^{+\infty} c_n^* z^n, \quad 0<|z|<r=\frac{1}{R}, \tag{5.2.7}$$

则由式(5.2.6)知

$$\begin{aligned}
f(z) &= \sum_{n=-\infty}^{-1} c_n^* z^{-n} + \sum_{n=0}^{+\infty} c_n^* z^{-n} \\
&= \sum_{n=+\infty}^{1} c_{-n}^* z^n + \sum_{n=0}^{-\infty} c_{-n}^* z^n \\
&= \sum_{n=+\infty}^{1} c_n z^n + \sum_{n=0}^{-\infty} c_n z^n, \quad R<|z|<+\infty,
\end{aligned} \tag{5.2.8}$$

其中 $c_n=c_{-n}^*$. 我们把式(5.2.8)称为函数 f 在孤立奇点 ∞ 处的洛朗展开，其主要部分为正幂部分：$\sum\limits_{n=+\infty}^{1} c_n z^n$；正则部分为非正幂部分：$\sum\limits_{n=0}^{-\infty} c_n z^n$.

例 5.2.5 函数
$$f(z)=2\mathrm{e}^z+\mathrm{e}^{\frac{1}{z}}$$
的奇点只有 0 和 ∞,并且都是本性奇点,因此 $f(z)$ 在 0 处和 ∞ 处都有洛朗展开.

在 0 处的洛朗展开为
$$f(z)=\mathrm{e}^{\frac{1}{z}}+2\mathrm{e}^z$$
$$=\cdots+\frac{1}{n!}\cdot\frac{1}{z^n}+\cdots+\frac{1}{2!}\cdot\frac{1}{z^2}+\frac{1}{z}+$$
$$3+2z+\frac{2z^2}{2!}+\cdots+\frac{2z^n}{n!}+\cdots. \tag{5.2.9}$$

主要部分为 $\cdots+\frac{1}{n!}\cdot\frac{1}{z^n}+\cdots+\frac{1}{2!}\cdot\frac{1}{z^2}+\frac{1}{z}$,正则部分为 $3+2z+\frac{2z^2}{2!}+\cdots+\frac{2z^n}{n!}+\cdots$.

为确定在 ∞ 处的洛朗展开,令 $g(z)=f\left(\frac{1}{z}\right)=2\mathrm{e}^{\frac{1}{z}}+\mathrm{e}^z$,其在本性奇点 0 处的洛朗展开为
$$g(z)=\cdots+\frac{2}{n!}\cdot\frac{1}{z^n}+\cdots+\frac{2}{2!}\cdot\frac{1}{z^2}+\frac{2}{z}+$$
$$3+z+\frac{z^2}{2!}+\cdots+\frac{z^n}{n!}+\cdots.$$

因此,f 在 ∞ 处的洛朗展开为
$$f(z)=\cdots+\frac{2}{n!}z^n+\cdots+\frac{2}{2!}z^2+2z+$$
$$3+\frac{1}{z}+\frac{1}{2!}\cdot\frac{1}{z^2}+\cdots+\frac{1}{n!}\cdot\frac{1}{z^n}+\cdots.$$

主要部分为 $\cdots+\frac{2}{n!}z^n+\cdots+\frac{2}{2!}z^2+2z$,正则部分为 $3+\frac{1}{z}+\frac{1}{2!}\cdot\frac{1}{z^2}+\cdots+\frac{1}{n!}\cdot\frac{1}{z^n}+\cdots$. □

在本性奇点处,解析函数有非常复杂而深刻的性质. 在本性奇点 a 处,我们知道 $\lim\limits_{z\to a}f(z)$ 不存在有限或 ∞ 的极限,因此至少存在两列 $z_n\to a$ 使得 $\lim\limits_{n\to\infty}f(z_n)$ 不同. 如下的**魏尔斯特拉斯定理**指出,这样的点列可以有无穷多个.

定理 5.2.1 设解析函数 f 以点 a 为本性奇点,则对任何复数 $A\in\overline{\mathbf{C}}$,存在点列 $\{z_n\}\subset\Delta^\circ(a)$ 满足 $z_n\to a$ 且使得 $f(z_n)\to A$.

证明 先设 $A=\infty$. 由于点 a 为本性奇点,因此 f 在任何 $\Delta^\circ(a)$ 上无界,从而所需点列 $\{z_n\}$ 存在.

再设 $A\neq\infty$. 假设对任何点列 $\{z_n\}\subset\Delta^\circ(a)$ 满足 $z_n\to a$ 但是 $f(z_n)\not\to A$,

则在某个更小一点的 $\Delta^\circ(a)$ 内 $f(z)\neq A$. 于是函数 $g(z)=\dfrac{1}{f(z)-A}$ 于 $\Delta^\circ(a)$ 解析,即以 a 为孤立奇点. 容易验证,若 a 为 g 的可去奇点或极点,则 a 也为 f 的可去奇点或极点,矛盾. 因此,a 为 g 的本性奇点. 从而由前述情形所证,存在点列 $\{z_n\}\subset\Delta^\circ(a)$ 满足 $z_n\to a$ 使得 $g(z_n)\to\infty$. 由此有 $f(z_n)\to A$. 这就与假设矛盾. □

皮卡(Picard)进一步地研究了本性奇点处函数的性质,获得了如下定理,即**皮卡大定理**,其深刻地推广了魏尔斯特拉斯定理. 皮卡大定理是解析函数值分布理论的出发点.

定理 5.2.2 设函数 f 以点 a 为本性奇点,则对任何复数 $A\in\mathbf{C}$,至多有一个例外,方程 $f(z)=A$ 在任何 $\Delta^\circ(a)$ 内有无穷多个解. □

皮卡大定理的证明需要更多的复函数知识,这里略去. 由皮卡大定理可得如下**皮卡小定理**.

定理 5.2.3 非常数整函数可取任意有穷复数,至多有一个例外.

证明 设非常数整函数 f 取不到两个有穷复数 a,b,即 $f(z)\neq a,b$.

若 ∞ 是 f 的本性奇点,则根据皮卡大定理,方程 $f(z)=a$ 和 $f(z)=b$ 至少有一个有无穷多个解. 矛盾.

若 ∞ 是 f 的可去奇点或极点,则 $\dfrac{1}{f(z)-a}$ 和 $\dfrac{1}{f(z)-b}$ 中至少有一个为有界整函数. 于是,根据刘维尔定理(定理 3.2.7),两者中至少有一个为常数,从而 f 为常数. 矛盾. □

练习 5.2

1. 找出下列函数的奇点,并确定其类型:

   (1) $\dfrac{1}{z^4+z^2}$;

   (2) $\dfrac{\mathrm{e}^{\frac{1}{z^2}}}{z-1}$;

   (3) $\dfrac{\mathrm{e}^z}{z(z^2+1)}$;

   (4) $\dfrac{\sin z}{z}$.

2. 确定函数 $f(z)=\dfrac{1}{\sin z+\cos z}$ 的孤立奇点,并指出其类型.

3. 确定函数 $f(z)=\dfrac{\tan(z-1)}{z-1}$ 的所有奇点(包括 ∞),并判断这些奇点的类型.

4. 设 $z=a$ 分别是 $f(z)$ 的 m 重极点和 $g(z)$ 的 n 重极点,讨论 $z=a$ 是 $f(z)g(z)$、$\dfrac{f(z)}{g(z)}$、$f(z)+g(z)$ 的什么奇点.

5. 设函数 $f(z)$ 在 z_0 处解析，令 $g(z)=\dfrac{f(z)}{z-z_0}$. 证明：

(1) 若 $f(z_0)\neq 0$，则 z_0 为 $g(z)$ 的单极点；

(2) 若 $f(z_0)=0$，则 z_0 为 $g(z)$ 的可去奇点.

留数定理与辐角原理

6.1 解析函数的留数定理

柯西积分定理告诉我们,如果函数 f 在周线 C 的内部及其上解析,则沿该周线的积分为 0. 现在,我们考虑当函数 f 在周线 C 的内部含有孤立奇点时,沿该周线的积分取值情况如何. 此时,如下的简单例子

$$\int_{|z|=1} \frac{1}{z} \mathrm{d}z$$

表明积分值一般不再为 0.

现在设 f 在有限点 a 的某去心邻域 $\Delta°(a,R)$ 内解析,则由柯西积分定理知,对任何正数 $\rho < R$,积分

$$\frac{1}{2\pi\mathrm{i}} \int_{|z-a|=\rho} f(z) \mathrm{d}z$$

的值与 ρ 无关. 我们称此积分的值为函数 f 在点 a 处的**留数**,记为 $\mathop{\mathrm{Res}}\limits_{z=a} f(z)$ 或 $\mathrm{Res}[f(z),a]$. 于是

$$\mathop{\mathrm{Res}}_{z=a} f(z) = \mathrm{Res}[f(z),a] = \frac{1}{2\pi\mathrm{i}} \int_{|z-a|=\rho} f(z) \mathrm{d}z. \qquad (6.1.1)$$

根据此定义,在解析点或者可去奇点处的留数为 0. 积分 $\int_{|z|=1} \frac{1}{z} \mathrm{d}z = 2\pi\mathrm{i}$ 则表明在极点处的留数未必为 0. 事实上,设函数 f 在孤立奇点 a 处有洛朗展开

$$f(z) = \sum_{n=-\infty}^{+\infty} c_n (z-a)^n, \qquad (6.1.2)$$

则通过逐项积分可知

$$\mathop{\mathrm{Res}}_{z=a} f(z) = \frac{1}{2\pi\mathrm{i}} \sum_{n=-\infty}^{+\infty} c_n \int_{|z-a|=\rho} (z-a)^n \mathrm{d}z = c_{-1}, \qquad (6.1.3)$$

即孤立奇点 a 处的留数等于点 a 处洛朗展开中项 $\dfrac{1}{z-a}$ 的系数. 此式提供了一种计算留数的常用方法.

根据孤立奇点的分类, 特别是对可去奇点和极点, 有如下的确定系数 c_{-1}, 从而确定留数的计算方式.

对可去奇点有 $c_{-1}=0$, 从而可去奇点处的留数为 0. 但要注意, 留数为 0 的孤立奇点未必是可去的.

对 m 重极点 a, 在其某空心邻域内有洛朗展开

$$f(z) = \frac{c_{-m}}{(z-a)^m} + \frac{c_{-(m-1)}}{(z-a)^{m-1}} + \cdots + \frac{c_{-1}}{z-a} + \sum_{n=0}^{+\infty} c_n(z-a)^n.$$

因此, 两边同乘以 $(z-a)^m$ 得

$$(z-a)^m f(z) = c_{-m} + c_{-(m-1)}(z-a) + \cdots + c_{-1}(z-a)^{m-1} + \sum_{n=0}^{+\infty} c_n(z-a)^{m+n}.$$

再两边求 $m-1$ 阶导数, 得

$$\frac{\mathrm{d}^{m-1}}{\mathrm{d}z^{m-1}}\left[(z-a)^m f(z)\right] = (m-1)!\, c_{-1} + \sum_{n=0}^{+\infty} c_n^*(z-a)^{n+1}.$$

于是 m 重极点 a 处的留数为

$$\operatorname*{Res}_{z=a} f(z) = c_{-1} = \frac{1}{(m-1)!} \lim_{z \to a} \frac{\mathrm{d}^{m-1}}{\mathrm{d}z^{m-1}}\left[(z-a)^m f(z)\right]. \tag{6.1.4}$$

本性奇点处的留数, 通常用洛朗展开来确定系数 c_{-1}, 因此计算技巧一般较强.

例 6.1.1 确定函数

$$\sin^2 \frac{1}{z}$$

在本性奇点 0 处的留数.

解 由于 $\sin^2 z = \dfrac{1-\cos 2z}{2}$, 并且 $\cos z = \sum\limits_{k=0}^{\infty} \dfrac{(-1)^k}{(2k)!} z^{2k}$, 因此

$$\sin^2 \frac{1}{z} = \frac{1}{2} - \frac{1}{2}\cos\frac{2}{z} = \frac{1}{2} - \frac{1}{2}\sum_{k=0}^{\infty} \frac{(-1)^k}{(2k)!} \cdot \frac{1}{z^{2k}}.$$

从而系数 $c_{-1}=0$, 即所求留数为 0.

作为复周线柯西积分定理的直接应用, 可证明如下的**柯西留数定理**, 简称**留数定理**.

定理 6.1.1 设函数 f 在复周线 C 上连续, 在其内部除有限个点 $a_1, a_2, \cdots, a_k$ 外解析, 则

$$\int_C f(z)\mathrm{d}z = 2\pi\mathrm{i} \sum_{i=1}^{k} \operatorname*{Res}_{z=a_i} f(z). \tag{6.1.5}$$

证明 对每个点 a_i, 作小圆使得 $\overline{\Delta}(a_i, \rho_i)(\rho_i>0)$ 含于 C 的内部且互不

相交. 现对由 C 和各小圆周 $C_i:|z-a_i|=\rho_i$ 组成的复周线应用柯西积分定理,即得

$$\int_C f(z)\mathrm{d}z + \sum_{i=1}^{k} \int_{C_i^-} f(z)\mathrm{d}z = 0. \tag{6.1.6}$$

整理即得式(6.1.5). □

当 ∞ 是函数 f 的孤立奇点时,同样可定义函数 f 在 ∞ 处的留数:设 f 于 ∞ 的空心邻域 $\Delta^\circ(\infty)=\{z:0<R<|z|<+\infty\}$ 解析,则积分

$$\frac{1}{2\pi\mathrm{i}}\int_{\Gamma^-} f(z)\mathrm{d}z, \quad \Gamma:|z|=\rho>R \tag{6.1.7}$$

的值与 ρ 无关,称为函数 f 在 ∞ 处的留数,记作 $\mathop{\mathrm{Res}}\limits_{z=\infty} f(z)$ 或 $\mathrm{Res}[f(z),\infty]$. 这里 Γ^- 表示顺时针方向,即绕 ∞ 的正向.

于是

$$\mathop{\mathrm{Res}}\limits_{z=\infty} f(z) = \mathrm{Res}[f(z),\infty] = \frac{1}{2\pi\mathrm{i}}\int_{\Gamma^-} f(z)\mathrm{d}z. \tag{6.1.8}$$

若函数 f 在 ∞ 有洛朗展开

$$f(z) = \sum_{n=+\infty}^{1} c_n z^n + \sum_{n=0}^{-\infty} c_n z^n,$$

则通过逐项积分定理,我们可得

$$\mathop{\mathrm{Res}}\limits_{z=\infty} f(z) = \mathrm{Res}[f(z),\infty] = -c_{-1}.$$

定理 6.1.2 设函数 f 在扩充复平面 $\overline{\mathbf{C}} = \mathbf{C} \cup \{\infty\}$ 上除有限个点 $a_1, a_2, \cdots, a_k, \infty$ 外解析,则各点处留数之和为 0,即

$$\sum_{i=1}^{k} \mathop{\mathrm{Res}}\limits_{z=a_i} f(z) + \mathop{\mathrm{Res}}\limits_{z=\infty} f(z) = 0. \tag{6.1.9}$$

证明 作一以原点 O 为圆心的圆周 Γ,使得有限点 $a_1, a_2, \cdots, a_k$ 都含在 Γ 的内部. 此时由留数定理和 ∞ 处留数的定义即知

$$\sum_{i=1}^{k} \mathop{\mathrm{Res}}\limits_{z=a_i} f(z) = \frac{1}{2\pi\mathrm{i}}\int_{\Gamma} f(z)\mathrm{d}z = -\mathop{\mathrm{Res}}\limits_{z=\infty} f(z). \quad □$$

例 6.1.2 计算积分

$$\int_{|z|=4} \frac{3z-2}{z^2(z-2)} \mathrm{d}z.$$

解 被积函数 $f(z)=\dfrac{3z-2}{z^2(z-2)}$ 在积分圆周 $|z|=4$ 的内部有两个极点 0 和 2. 其中,2 为单极点,该点处留数为

$$\mathop{\mathrm{Res}}\limits_{z=2} f(z) = \lim_{z\to 2}(z-2)f(z) = \lim_{z\to 2}\frac{3z-2}{z^2} = 1;$$

0 为二重极点,该点处留数为

$$\mathop{\mathrm{Res}}\limits_{z=0} f(z) = \lim_{z\to 0}[z^2 f(z)]' = \lim_{z\to 0}\left(\frac{3z-2}{z-2}\right)' = -1.$$

于是由留数定理(定理 6.1.1),所求积分
$$\int_{|z|=4} \frac{3z-2}{z^2(z-2)} dz = 2\pi i \left[\operatorname*{Res}_{z=0} f(z) + \operatorname*{Res}_{z=2} f(z) \right] = 0.$$

另解 由于被积函数 $f(z) = \dfrac{3z-2}{z^2(z-2)}$ 在区域 $\{z: 2 < |z| < +\infty\}$ 解析,因此由 ∞ 处留数定义可知,所求积分
$$\int_{|z|=4} \frac{3z-2}{z^2(z-2)} dz = -2\pi i \operatorname*{Res}_{z=\infty} f(z).$$
由于
$$f(z) = \frac{3z-2}{z^2(z-2)} = \frac{3z-2}{z^3} \cdot \frac{1}{1-\dfrac{2}{z}}$$
$$= \left(\frac{3}{z^2} - \frac{2}{z^3}\right)\left(1 + \frac{2}{z} + \frac{2^2}{z^2} + \cdots + \frac{2^n}{z^n} + \cdots\right)$$
$$= \frac{3}{z^2} + \frac{4}{z^3} + \cdots,$$
因此有 $\operatorname*{Res}_{z=\infty} f(z) = 0$. 于是所求积分值为 0. □

例 6.1.3 计算积分
$$\int_{|z+2|=3} \frac{z^{13}}{(z^2+1)^4(z^4-16)} dz.$$

解 被积函数 $f(z) = \dfrac{z^{13}}{(z^2+1)^4(z^4-16)}$ 共有 7 个奇点:$\pm i, \pm 2, \pm 2i$ 和 ∞,其中,$\pm i, \pm 2i$ 和 -2 在积分曲线 $|z+2|=3$ 内部;2 和 ∞ 在积分曲线外部.

根据留数定理(定理 6.1.1),所求积分等于位于积分曲线 $|z+2|=3$ 内部的 5 个奇点处的留数之和与 $2\pi i$ 的积. 直接计算这些留数和比较麻烦,计算量较大. 因此,我们利用定理 6.1.2,转化为计算积分曲线外的两个奇点 2 和 ∞ 处的留数之和.

首先,2 是 f 的单极点,故
$$\operatorname*{Res}_{z=2} f(z) = \lim_{z \to 2}(z-2)f(z)$$
$$= \lim_{z \to 2}\left[\frac{z^{13}}{(z^2+1)^4(z^2+4)(z+2)}\right] = \frac{256}{625}.$$

为计算 ∞ 处的留数,我们在 ∞ 处洛朗展开:
$$f(z) = z \cdot \frac{1}{(1+z^{-2})^4} \cdot \frac{1}{1-16z^{-4}}$$
$$= z(1 - 4z^{-2} + 10z^{-4} - \cdots)(1 + 16z^{-4} + 256z^{-8} + \cdots)$$
$$= z - 4z^{-1} + 26z^{-3} + \cdots,$$
其中,z^{-1} 的系数为 4. 由此可知
$$\operatorname*{Res}_{z=\infty} f(z) = 4.$$

于是,由定理 6.1.1 和定理 6.1.2 知所求积分

$$\int_{|z+2|=3} \frac{z^{13}}{(z^2+1)^4(z^4-16)}\mathrm{d}z = 2\pi\mathrm{i} \sum_{a\in\{\pm\mathrm{i},\pm 2\mathrm{i},-2\}} \operatorname*{Res}_{z=a} f(z)$$
$$= -2\pi\mathrm{i}\left[\operatorname*{Res}_{z=2} f(z) + \operatorname*{Res}_{z=\infty} f(z)\right]$$
$$= -2\pi\mathrm{i}\left(\frac{256}{625} + 4\right) = -\frac{5512\pi\mathrm{i}}{625}.$$

练习 6.1

1. 求下列函数 $f(z)$ 在 $z=0$ 处的留数:

(1) $f(z) = \dfrac{1}{z+z^2}$;

(2) $f(z) = z\cos\dfrac{1}{z}$;

(3) $f(z) = \dfrac{z-\sin z}{z}$;

(4) $f(z) = \dfrac{\cot z}{z^4}$;

(5) $f(z) = \dfrac{z+1}{z^2-2z}$.

2. 求下列函数 $f(z)$ 在有限奇点处的留数:

(1) $f(z) = \dfrac{z}{\cos z}$;

(2) $f(z) = \dfrac{1}{z\sin z}$;

(3) $f(z) = \dfrac{1}{\sin z + \cos z}$;

(4) $f(z) = \dfrac{5z-2}{z(z-1)}$.

3. 求下列函数 $f(z)$ 在扩充复平面的留数:

(1) $f(z) = z^2 \mathrm{e}^{\frac{1}{z}}$;

(2) $f(z) = \sin\dfrac{1}{z} + \dfrac{1}{z^2}$;

(3) $f(z) = \cos z - \sin z$.

4. 利用留数定理计算下列积分:

(1) $\displaystyle\int_{|z|=2} \frac{\mathrm{e}^{-z}}{(z-1)^2}\mathrm{d}z$;

(2) $\displaystyle\int_{|z|=1} \frac{1}{z-\sin z}\mathrm{d}z$;

(3) $\displaystyle\int_{|z|=2} \frac{4z-5}{z(z-1)}\mathrm{d}z$;

(4) $\displaystyle\int_{|z|=4} \frac{1}{(\mathrm{e}^z+1)^2}\mathrm{d}z$.

5. 计算积分 $\displaystyle\int_{|z|=3} \frac{z^{15}}{(z^2+1)^2(z^4+2)^3}\mathrm{d}z$.

6. 设 $g(z)$ 在 $z=0$ 解析,且 $g(0)=0, g'(0)\neq 0$,记 $f(z) = \dfrac{1}{g^2(z)}$,证明: $z=0$ 为 $f(z)$ 的二阶极点,且

$$\operatorname*{Res}_{z=0} f(z) = -\frac{g''(0)}{[g'(0)]^3}.$$

7. 利用留数定理计算积分 $\displaystyle\int_{|z|=1} z^n \mathrm{e}^{\frac{1}{z}}\mathrm{d}z$,并由此证明:

$$\int_0^{2\pi} e^{\cos\theta}\cos[(n+1)\theta - \sin\theta]d\theta = \frac{2\pi}{(n+1)!}.$$

6.2 某些实积分的计算

留数定理的一个很重要的应用是计算一些实的定积分或反常积分,主要有以下三类.注意这些积分的被积函数的原函数较难求出甚至是求不出的.

① 第一类:定积分 $\int_0^{2\pi} R(\cos\theta, \sin\theta)d\theta$,其中 $R(\cos\theta, \sin\theta)$ 是关于 $\cos\theta$, $\sin\theta$ 的有理函数,并且在积分区间上连续.

这类积分,通过代换 $z = e^{i\theta}$,可直接转换为有理函数的周线积分.事实上,我们有

$$\cos\theta = \frac{z+z^{-1}}{2}, \quad \sin\theta = \frac{z-z^{-1}}{2i}, \quad d\theta = \frac{dz}{iz},$$

并且 θ 从 0 到 2π 时,z 对应地绕周线 $|z|=1$ 正向旋转一周.于是

$$\int_0^{2\pi} R(\cos\theta, \sin\theta)d\theta = \int_{|z|=1} R\left(\frac{z+z^{-1}}{2}, \frac{z-z^{-1}}{2i}\right)\frac{dz}{iz}.$$

即第一类定积分转化成了周线积分.

例 6.2.1 计算实参量积分

$$I(r) = \int_0^{2\pi} \frac{d\theta}{1-2r\cos\theta+r^2}, \quad r \neq \pm 1.$$

解 令 $z = e^{i\theta}$,则当 θ 从 0 到 2π 时,z 正好正向画出一个单位圆周 $|z|=1$.注意有 $z+\frac{1}{z}=2\cos\theta$ 和 $dz = e^{i\theta} \cdot id\theta = izd\theta$.于是所求积分可转化为复积分:

$$I(r) = \int_{|z|=1} \frac{1}{1-r\left(z+\frac{1}{z}\right)+r^2} \cdot \frac{dz}{iz}$$

$$= \frac{1}{i}\int_{|z|=1} \frac{dz}{(z-r)(1-rz)}.$$

先设 $|r|<1$,则被积函数在 $|z|<1$ 有极点 $z=r$:

$$f(z) = \frac{1}{(z-r)(1-rz)} = \frac{1}{z-r} \cdot \frac{1}{1-r^2-r(z-r)}.$$

从而有 $\text{Res}(f,r) = \frac{1}{1-r^2}$.于是由留数定理(定理 6.1.1)得

$$I(r) = \frac{1}{i} \cdot 2\pi i \cdot \frac{1}{1-r^2} = \frac{2\pi}{1-r^2}.$$

当 $|r|>1$ 时,容易看出

$$I(r) = \frac{1}{r^2} \cdot I\left(\frac{1}{r}\right) = \frac{1}{r^2} \cdot \frac{2\pi}{1-\frac{1}{r^2}} = \frac{2\pi}{r^2-1}.$$ □

② 第二类:反常积分 $\int_{-\infty}^{+\infty} f(x)\mathrm{d}x$. 这类积分,需要被积函数在上半平面内除有限个点外解析,并且沿上半圆周的积分随着半径趋于无穷而趋于 0.

定理 6.2.1 设函数 f 在上半复平面 $H_+=\{z:\operatorname{Im} z\geqslant 0\}$ 内除有限个孤立奇点 $a_1,a_2,\cdots,a_k$ 之外解析,并且可连续到边界实轴上.若存在正数 A 和 δ 使得当 $z\in H_+$ (的模)充分大时有

$$|f(z)| \leqslant \frac{A}{|z|^{1+\delta}},$$

则

$$\int_{-\infty}^{+\infty} f(x)\mathrm{d}x = 2\pi\mathrm{i} \sum_{j=1}^{k} \operatorname*{Res}_{z=a_j} f(z). \qquad (6.2.1)$$

证明 由条件,在实轴上函数 f 连续,并且当 $|x|$ 充分大时 $|f(x)|\leqslant \frac{A}{|x|^{1+\delta}}$,因此反常积分 $\int_{-\infty}^{+\infty} f(x)\mathrm{d}x$ 收敛:

$$\int_{-\infty}^{+\infty} f(x)\mathrm{d}x = \lim_{R\to +\infty} \int_{-R}^{R} f(x)\mathrm{d}x.$$

现任意取定充分大的 R 使得所有孤立奇点 a_j 位于圆 $\Delta(0,R)$ 内部.记该圆上半圆周为 $C_R=\{z:|z|=R,\operatorname{Im} z\geqslant 0\}$.

如图 6-1 所示,在上半圆盘区域上应用留数定理(定理 6.1.1),即得

$$\int_{-R}^{R} f(x)\mathrm{d}x + \int_{C_R} f(z)\mathrm{d}z = 2\pi\mathrm{i} \sum_{j=1}^{k} \operatorname*{Res}_{z=a_j} f(z). \qquad (6.2.2)$$

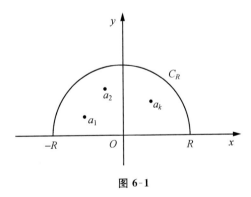

图 6-1

注意到

$$\left|\int_{C_R} f(z)\mathrm{d}z\right| \leqslant \int_{C_R} |f(z)||\mathrm{d}z| \leqslant \int_{C_R} \frac{A}{|z|^{1+\delta}}|\mathrm{d}z|$$

$$= \frac{\pi A}{R^\delta} \to 0, \quad R\to +\infty,$$

在式(6.2.2)中令 $R\to +\infty$ 即得等式(6.2.1). □

定理6.2.1适用于被积函数是有理函数 $f(x)=\dfrac{P(x)}{Q(x)}$ 的情形,其中多项式 P,Q 满足 $\deg(Q)-\deg(P)\geq 2$ 和 $Q(x)\neq 0$.

例 6.2.2 计算反常积分
$$\int_{-\infty}^{+\infty}\dfrac{1}{(x^2+1)(x^4+1)}\mathrm{d}x.$$

解 函数
$$f(z)=\dfrac{1}{(z^2+1)(z^4+1)}$$

满足定理6.2.1的条件,在上半平面内有3个孤立奇点 $z=\mathrm{i},\mathrm{e}^{\frac{\pi}{4}\mathrm{i}},\mathrm{e}^{\frac{3\pi}{4}\mathrm{i}}$,均为单极点.各点处的留数依次为

$$\operatorname*{Res}_{z=\mathrm{i}}f(z)=\lim_{z\to\mathrm{i}}(z-\mathrm{i})f(z)=-\dfrac{1}{4}\mathrm{i},$$

$$\operatorname*{Res}_{z=\mathrm{e}^{\frac{\pi}{4}\mathrm{i}}}f(z)=\lim_{z\to\mathrm{e}^{\frac{\pi}{4}\mathrm{i}}}(z-\mathrm{e}^{\frac{\pi}{4}\mathrm{i}})f(z)=-\dfrac{\mathrm{i}}{4}\mathrm{e}^{-\frac{\pi}{4}\mathrm{i}},$$

$$\operatorname*{Res}_{z=\mathrm{e}^{\frac{3\pi}{4}\mathrm{i}}}f(z)=\lim_{z\to\mathrm{e}^{\frac{3\pi}{4}\mathrm{i}}}(z-\mathrm{e}^{\frac{3\pi}{4}\mathrm{i}})f(z)=\dfrac{\mathrm{i}}{4}\mathrm{e}^{-\frac{3\pi}{4}\mathrm{i}}=-\dfrac{\mathrm{i}}{4}\mathrm{e}^{\frac{\pi}{4}\mathrm{i}}.$$

于是,由等式(6.2.1)知

$$\int_{-\infty}^{+\infty}\dfrac{1}{(x^2+1)(x^4+1)}\mathrm{d}x=2\pi\mathrm{i}\left(-\dfrac{1}{4}\mathrm{i}-\dfrac{\mathrm{i}}{4}\mathrm{e}^{-\frac{\pi}{4}\mathrm{i}}-\dfrac{\mathrm{i}}{4}\mathrm{e}^{\frac{\pi}{4}\mathrm{i}}\right)$$
$$=\dfrac{1+\sqrt{2}}{2}\pi.\qquad\square$$

③ 第三类:反常积分 $\displaystyle\int_{-\infty}^{+\infty}f(x)\cos x\mathrm{d}x$ 和 $\displaystyle\int_{-\infty}^{+\infty}f(x)\sin x\mathrm{d}x$,可合并成
$$\int_{-\infty}^{+\infty}f(x)\mathrm{e}^{\mathrm{i}x}\mathrm{d}x.$$

首先,仿照定理6.2.1的证明,有如下定理.

定理6.2.2 设函数 f 在上半复平面 $H_+=\{z:\operatorname{Im} z>0\}$ 内除有限个孤立奇点 $a_1,a_2,\cdots,a_k$ 之外解析,并且可连续到边界实轴上.若
$$\lim_{z\to\infty,\operatorname{Im} z\geq 0}f(z)=0,$$
则对任何正数 α,
$$\lim_{R\to+\infty}\int_{-R}^{R}f(x)\mathrm{e}^{\mathrm{i}\alpha x}\mathrm{d}x=2\pi\mathrm{i}\sum_{j=1}^{k}\operatorname*{Res}_{z=a_j}[f(z)\mathrm{e}^{\mathrm{i}\alpha z}].\qquad(6.2.3)$$

证明 类似于定理6.2.1的证明,我们同样由留数定理可得
$$\int_{-R}^{R}f(x)\mathrm{e}^{\mathrm{i}\alpha x}\mathrm{d}x+\int_{C_R}f(z)\mathrm{e}^{\mathrm{i}\alpha z}\mathrm{d}z=2\pi\mathrm{i}\sum_{j=1}^{k}\operatorname*{Res}_{z=a_j}[f(z)\mathrm{e}^{\mathrm{i}\alpha z}].\qquad(6.2.4)$$

因此,为得到式(6.2.3),我们只需要证明 $\displaystyle\lim_{R\to+\infty}\int_{C_R}f(z)\mathrm{e}^{\mathrm{i}\alpha z}\mathrm{d}z=0$.

事实上,我们有

$$\left|\int_{C_R} \mathrm{e}^{\mathrm{i}\alpha z}\,\mathrm{d}z\right| \leqslant \int_{C_R} |\mathrm{e}^{\mathrm{i}\alpha z}||\mathrm{d}z|$$

$$= R\int_0^\pi \mathrm{e}^{-\alpha R\sin\theta}\,\mathrm{d}\theta = 2R\int_0^{\frac{\pi}{2}} \mathrm{e}^{-\alpha R\sin\theta}\,\mathrm{d}\theta$$

$$\leqslant 2R\int_0^{\frac{\pi}{2}} \mathrm{e}^{-\alpha R\cdot\frac{2}{\pi}\theta}\,\mathrm{d}\theta$$

$$= \frac{\pi}{\alpha}(1-\mathrm{e}^{-\alpha R})$$

$$< \frac{\pi}{\alpha}, \tag{6.2.5}$$

其中用到了不等式 $\sin\theta \geqslant \dfrac{2}{\pi}\theta\left(0\leqslant\theta\leqslant\dfrac{\pi}{2}\right)$. 因此根据条件有

$$\left|\int_{C_R} f(z)\mathrm{e}^{\mathrm{i}\alpha z}\,\mathrm{d}z\right| \leqslant \max_{z\in C_R}|f(z)| \int_{C_R}|\mathrm{e}^{\mathrm{i}\alpha z}||\mathrm{d}z|$$

$$< \frac{\pi}{\alpha}\max_{z\in C_R}|f(z)| \to 0,\quad R\to +\infty. \qquad \square$$

注 式(6.2.3)左端极限通常称为反常积分 $\int_{-\infty}^{+\infty} f(x)\mathrm{e}^{\mathrm{i}\alpha x}\,\mathrm{d}x$ 的柯西主值,可记作 $\int_{-\infty}^{+\infty} f(x)\mathrm{e}^{\mathrm{i}\alpha x}\,\mathrm{d}x$. 于是,可将式(6.2.3)写成如下形式:

$$\int_{-\infty}^{+\infty} f(x)\mathrm{e}^{\mathrm{i}\alpha x}\,\mathrm{d}x = 2\pi\mathrm{i}\sum_{j=1}^k \operatorname*{Res}_{z=a_j}[f(z)\mathrm{e}^{\mathrm{i}\alpha z}]. \tag{6.2.6}$$

根据式(6.2.6),按复数相等原则,就可确定如下两积分:

$$\int_{-\infty}^{+\infty} f(x)\cos(\alpha x)\,\mathrm{d}x,\quad \int_{-\infty}^{+\infty} f(x)\sin(\alpha x)\,\mathrm{d}x.$$

例 6.2.3 计算反常积分

$$\int_{-\infty}^{+\infty} \frac{x^2+1}{x^4+1}\cos x\,\mathrm{d}x.$$

解 函数 $f(z)=\dfrac{z^2+1}{z^4+1}$ 在上半平面及实轴上除两个单极点 $z=\mathrm{e}^{\frac{\pi}{4}\mathrm{i}},\mathrm{e}^{\frac{3\pi}{4}\mathrm{i}}$ 之外解析,并且 $f(z)\to 0(z\to\infty)$,因此满足定理 6.2.2 的条件,从而

$$\int_{-\infty}^{+\infty} f(x)\mathrm{e}^{\mathrm{i}x}\,\mathrm{d}x = 2\pi\mathrm{i}\{\operatorname*{Res}_{z=\mathrm{e}^{\frac{\pi}{4}\mathrm{i}}}[f(z)\mathrm{e}^{\mathrm{i}z}] + \operatorname*{Res}_{z=\mathrm{e}^{\frac{3\pi}{4}\mathrm{i}}}[f(z)\mathrm{e}^{\mathrm{i}z}]\}$$

$$= 2\pi\mathrm{i}\left(-\frac{\sqrt{2}}{4}\mathrm{i}\mathrm{e}^{-\frac{\sqrt{2}}{2}+\frac{\sqrt{2}}{2}\mathrm{i}} - \frac{\sqrt{2}}{4}\mathrm{i}\mathrm{e}^{-\frac{\sqrt{2}}{2}-\frac{\sqrt{2}}{2}\mathrm{i}}\right)$$

$$= \frac{\sqrt{2}}{2}\pi\mathrm{e}^{-\frac{\sqrt{2}}{2}}\cos\frac{\sqrt{2}}{2}. \tag{6.2.7}$$

于是,比较实部得

$$\int_{-\infty}^{+\infty} \frac{x^2+1}{x^4+1}\cos x\,\mathrm{d}x = \frac{\sqrt{2}}{2}\pi\mathrm{e}^{-\frac{\sqrt{2}}{2}}\cos\frac{\sqrt{2}}{2}. \qquad \square$$

定理 6.2.2 的方法可推广到在实轴上具有有限个单极点的函数.我们

仅举下例来说明这种推广的做法.

例 6.2.4 计算反常积分
$$\int_0^{+\infty} \frac{\sin x}{x} dx.$$

解 令 $f(z) = \dfrac{e^{iz}}{z}$，则 f 除 0 之外解析，而 0 为单极点. 现在对 $0 < r < R < +\infty$，作闭线 C：由两段以 0 为圆心，半径分别为 r 和 R 的上半圆周 C_r 和 C_R，和两条实轴上线段 $[-R, -r]$ 和 $[r, R]$ 组成，如图 6-2 所示.

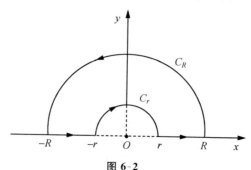

图 6-2

根据柯西积分定理（或留数定理）有 $\int_C f(z) dz = 0$，即

$$\int_{-R}^{-r} \frac{e^{ix}}{x} dx + \int_{C_r^-} \frac{e^{iz}}{z} dz + \int_r^R \frac{e^{ix}}{x} dx + \int_{C_R} \frac{e^{iz}}{z} dz = 0. \quad (6.2.8)$$

由式(6.2.5)知

$$\left| \int_{C_R} \frac{e^{iz}}{z} dz \right| \leqslant \int_{C_R} \frac{|e^{iz}|}{|z|} |dz| \leqslant \frac{\pi}{R} \to 0, \quad R \to +\infty.$$

再由 $\lim\limits_{z \to 0}(e^{iz} - 1) = 0$ 和

$$\left| \int_{C_r^-} \frac{e^{iz}}{z} dz - i\pi \right| = \left| \int_{C_r^-} \frac{e^{iz} - 1}{z} dz \right| \leqslant \int_{C_r^-} \frac{|e^{iz} - 1|}{|z|} |dz|$$

$$= \int_0^\pi |e^{iz} - 1| d\theta \quad (z = re^{i\theta})$$

知

$$\lim_{r \to 0^+} \int_{C_r^-} \frac{e^{iz}}{z} dz = i\pi.$$

于是由式(6.2.8)知

$$\lim_{(r,R) \to (0^+, +\infty)} \left(\int_{-R}^{-r} \frac{e^{ix}}{x} dx + \int_r^R \frac{e^{ix}}{x} dx \right) = i\pi, \quad (6.2.9)$$

即

$$\int_{-\infty}^{+\infty} \frac{e^{ix}}{x} dx = i\pi.$$

比较实部与虚部就有

$$\int_{-\infty}^{+\infty} \frac{\sin x}{x} dx = \pi.$$

于是所求反常积分
$$\int_0^{+\infty} \frac{\sin x}{x} \mathrm{d}x = \frac{\pi}{2}. \qquad \square$$

在用柯西积分定理或留数定理来计算实积分时,所作周线非常重要. 我们再举一例,其周线的选择与前面例子不相同.

例 6.2.5 计算反常积分
$$\int_0^{+\infty} \cos x^2 \mathrm{d}x \quad \text{和} \quad \int_0^{+\infty} \sin x^2 \mathrm{d}x.$$

解 令 $f(z) = \mathrm{e}^{\mathrm{i}z^2}$,其于整个平面解析. 选取周线 C 由三段曲线组成(图 6-3):实轴上线段 $[0,R]$,圆弧 $C_R : R\mathrm{e}^{\mathrm{i}\theta}, 0 \leqslant \theta \leqslant \frac{\pi}{4}$ 和射线 $\arg z = \frac{\pi}{4}$ 上线段 $[R,0]\mathrm{e}^{\mathrm{i}\frac{\pi}{4}}$,其所围区域是一扇形区域. 根据柯西积分定理有 $\int_C f(z)\mathrm{d}z = 0$,即

$$\int_0^R \mathrm{e}^{\mathrm{i}x^2} \mathrm{d}x + \int_{C_R} \mathrm{e}^{\mathrm{i}z^2} \mathrm{d}z + \int_R^0 \mathrm{e}^{\mathrm{i}\left(r\mathrm{e}^{\mathrm{i}\frac{\pi}{4}}\right)^2} \mathrm{e}^{\mathrm{i}\frac{\pi}{4}} \mathrm{d}r = 0. \qquad (6.2.10)$$

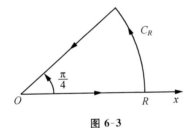

图 6-3

式(6.2.10)中第二个积分满足
$$\left| \int_{C_R} \mathrm{e}^{\mathrm{i}z^2} \mathrm{d}z \right| \leqslant R \int_0^{\frac{\pi}{4}} \mathrm{e}^{-R^2 \sin 2\theta} \mathrm{d}\theta \leqslant R \int_0^{\frac{\pi}{4}} \mathrm{e}^{-R^2 \frac{4\theta}{\pi}} \mathrm{d}\theta$$
$$= \frac{\pi}{4R}(1 - \mathrm{e}^{-R^2}) \to 0, \quad R \to +\infty.$$

式(6.2.10)中第三个积分满足
$$\int_0^R \mathrm{e}^{\mathrm{i}\left(r\mathrm{e}^{\mathrm{i}\frac{\pi}{4}}\right)^2} \mathrm{e}^{\mathrm{i}\frac{\pi}{4}} \mathrm{d}r = \mathrm{e}^{\mathrm{i}\frac{\pi}{4}} \int_0^R \mathrm{e}^{-r^2} \mathrm{d}r \to \mathrm{e}^{\mathrm{i}\frac{\pi}{4}} \int_0^{+\infty} \mathrm{e}^{-r^2} \mathrm{d}r$$
$$= \frac{\sqrt{\pi}}{2} \mathrm{e}^{\mathrm{i}\frac{\pi}{4}}, \quad R \to +\infty.$$

于是,在等式(6.2.10)中令 $R \to +\infty$ 即有
$$\int_0^{+\infty} \mathrm{e}^{\mathrm{i}x^2} \mathrm{d}x = \frac{\sqrt{\pi}}{2} \mathrm{e}^{\mathrm{i}\frac{\pi}{4}}.$$

分别计实部与虚部,即有
$$\int_0^{+\infty} \cos x^2 \mathrm{d}x = \int_0^{+\infty} \sin x^2 \mathrm{d}x = \frac{\sqrt{2\pi}}{4}. \qquad \square$$

练习 6.2

1. 计算下列积分：

(1) $\int_0^{2\pi} \dfrac{1}{1+\cos^2\theta}\mathrm{d}\theta$;

(2) $\int_0^{\pi} \dfrac{1}{1+\cos^2\theta}\mathrm{d}\theta$;

(3) $\int_0^{\frac{\pi}{2}} \dfrac{1}{1+\cos^2\theta}\mathrm{d}\theta$.

2. 计算下列积分：

(1) $\int_0^{2\pi} \dfrac{1}{1+2\mathrm{i}\sin\theta}\mathrm{d}\theta$;

(2) $\int_0^{2\pi} \dfrac{1}{5+3\cos\theta}\mathrm{d}\theta$;

(3) $\int_0^{2\pi} \dfrac{1}{(2+\cos\theta)^2}\mathrm{d}\theta$.

3. 计算积分 $\int_0^{+\infty} \dfrac{1}{x^4+1}\mathrm{d}x$.

4. 计算积分 $\int_0^{+\infty} \dfrac{1}{(x^2+4)^2(x^2+1)}\mathrm{d}x$.

5. 计算积分 $\int_0^{+\infty} \dfrac{x^4}{x^8+1}\mathrm{d}x$.

6. 计算积分 $\int_{-\infty}^{+\infty} \dfrac{\cos x}{(x^2+4x+5)^2}\mathrm{d}x$.

7. 计算积分 $\int_0^{+\infty} \dfrac{x^3\sin x}{(x^2+1)^2}\mathrm{d}x$.

8. 计算积分 $\int_0^{+\infty} \dfrac{x^2-1}{x^2+1}\dfrac{\sin x}{x}\mathrm{d}x$.

6.3 解析函数的辐角原理

现在将留数定理应用于如下的积分

$$\int_C \dfrac{f'(z)}{f(z)}\mathrm{d}z,$$

其中函数 f 在周线 C 上及其内部解析并且不恒等于 0. 显然被积函数 $\dfrac{f'(z)}{f(z)}$ 在 C 的内部除函数 f 的零点外解析. 而在 f 的零点处，设 a 为 f 的 m 重零点，则存在在 a 的某个邻域内不取零的解析函数 φ 使得

$$f(z)=(z-a)^m\varphi(z),$$

从而

$$\frac{f'(z)}{f(z)} = \frac{m(z-a)^{m-1}\varphi(z)+(z-a)^m\varphi'(z)}{(z-a)^m\varphi(z)}$$

$$= \frac{m}{z-a} + \frac{\varphi'(z)}{\varphi(z)}.$$

由于函数 $\dfrac{\varphi'(z)}{\varphi(z)}$ 在 a 处解析,因此 a 是函数 $\dfrac{f'(z)}{f(z)}$ 的单极点,并且

$$\operatorname*{Res}_{z=a}\frac{f'(z)}{f(z)} = m.$$

由此,我们就得到如下定理.

定理 6.3.1 设函数 f 在周线 C 及其内部解析并且在 C 上不取零,则

$$\frac{1}{2\pi\mathrm{i}}\int_C \frac{f'(z)}{f(z)}\mathrm{d}z = f \text{ 在 } C \text{ 内部的零点数(计重数)}. \tag{6.3.1}$$

现考虑(6.3.1)左端的计算.设周线 C 的方程为

$$z = z(t), \quad \alpha \leqslant t \leqslant \beta, \quad z(\alpha) = z(\beta),$$

则 C 在 $w=f(z)$ 下的像曲线 Γ 也是一条闭曲线.由于在 C 上 $f\neq 0$,曲线 Γ 不通过原点,其方程为

$$w = w(t) = f[z(t)], \quad \alpha \leqslant t \leqslant \beta.$$

注意,像曲线 $\Gamma = f(C)$ 内部可能没有原点,也可能有原点.在有原点的情形下,像曲线 Γ 可能会绕着原点转几圈(图 6-4).

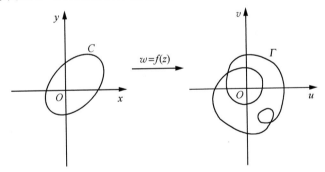

图 6-4

例如,周线 $|z|=1$ 即 $z=\mathrm{e}^{\mathrm{i}t}$,$0\leqslant t\leqslant 2\pi$ 在变换 $w=z^2$ 下的像曲线 Γ 是

$$w = \mathrm{e}^{2\mathrm{i}t}, \quad 0\leqslant t\leqslant 2\pi.$$

显然,此曲线 Γ 绕着原点转了 2 圈.

现在称曲线 Γ 绕原点的圈数为 Γ 的**环绕数**,记为 n_Γ. 于是,

$$\int_C \frac{f'(z)}{f(z)}\mathrm{d}z = \int_\alpha^\beta \frac{f'[z(t)]}{f[z(t)]}z'(t)\mathrm{d}t = \int_\alpha^\beta \frac{w'(t)}{w(t)}\mathrm{d}t$$

$$= \int_\Gamma \frac{1}{w}\mathrm{d}w = n_\Gamma \cdot 2\pi\mathrm{i}. \tag{6.3.2}$$

这样,定理 6.3.1 可重新叙述为如下定理.

定理 6.3.2 设函数 f 在周线 C 及其内部解析并且在 C 上不取零,则 f 在 C 内部的零点数 $n(C,f)$(计重数)= 像曲线 $f(C)$ 的环绕数 $n_{f(C)}$.
$$(6.3.3)$$

□

由于式(6.3.2)右端表示当 z 绕 C 转一圈时,其像点 $w=f(z)$ 在 w 平面上的辐角的改变量,因此定理 6.3.1 和 6.3.2 叫作**辐角原理**,常用于处理与解析函数零点相关的问题.

例 6.3.1 设函数 f 在周线 C 及其内部解析并且在 C 上不取零,则对模充分小的数 η,有

$f+\eta$ 在 C 内部的零点数(计重数)= f 在 C 内部的零点数(计重数).
$$(6.3.4)$$

证明 由于函数 f 在周线 C 上解析并且不取零,因而其模 $|f|$ 于 C 有正最小值 $m>0$. 由此即知,当 $|\eta|<m$ 时在 C 上有
$$|f+\eta| \geq |f|-|\eta| \geq m-|\eta|>0,$$
即 $f+\eta \neq 0$. 应用定理 6.3.1 即知有
$$\frac{1}{2\pi i}\int_C \frac{f'(z)}{f(z)+\eta}dz = n(C,f+\eta),$$
$$\frac{1}{2\pi i}\int_C \frac{f'(z)}{f(z)}dz = n(C,f).$$

不难看出
$$\lim_{\eta \to 0}\frac{1}{2\pi i}\int_C \frac{f'(z)}{f(z)+\eta}dz = \frac{1}{2\pi i}\int_C \frac{f'(z)}{f(z)}dz,$$
由此得到
$$\lim_{\eta \to 0} n(C,f+\eta) = n(C,f).$$
但上式两端中的 $n(C,f+\eta)$ 和 $n(C,f)$ 都是整数,因此当 $|\eta|$ 充分小时必有 $n(C,f+\eta)=n(C,f)$.

□

实际上,上例所述结论当 $|\eta|<m$ 时都成立. 其一般情形就是如下的**儒歇(Rouché)定理**.

定理 6.3.3 设函数 f 和 g 在周线 C 及其内部解析,并且在 C 上成立 $|f(z)|>|g(z)|$,则函数 f 和 $f+g$ 在周线 C 的内部零点个数相同,均计重数.

证明 首先,根据条件,对任何参数 $t:0\leq t\leq 1$,在 C 上都有
$$|f(z)+tg(z)| \geq |f(z)|-t|g(z)| \geq |f(z)|-|g(z)|>0,$$
从而在 C 上 $f+tg \neq 0$. 于是可定义函数
$$\varphi(t) = \frac{1}{2\pi i}\int_C \frac{f'(z)+tg'(z)}{f(z)+tg(z)}dz, \quad 0\leq t\leq 1.$$
显然,函数 φ 于 $[0,1]$ 连续. 由定理 6.3.1 知,φ 是一个正整数. 这说明函数 φ

是一个常数.特别地,就有 $\varphi(0)=\varphi(1)$,即
$$\frac{1}{2\pi i}\int_C \frac{f'(z)}{f(z)}dz = \frac{1}{2\pi i}\int_C \frac{f'(z)+g'(z)}{f(z)+g(z)}dz.$$
再根据定理 6.3.1,即知定理得证. □

例 6.3.2 方程
$$z^7+z^5+10=0$$
的解都在圆环 $A(0;1,2)=\{z:1<|z|<2\}$ 内.

证明 当 $z\leqslant 1$ 时有
$$|z^7+z^5+10|\geqslant 10-|z|^7-|z|^5\geqslant 8,$$
所以 $z^7+z^5+10\neq 0$. 即方程的解都在圆周 $|z|=1$ 之外.

又在圆周 $|z|=2$ 上,
$$|z^5+10|\leqslant|z|^5+10=2^5+10=42, |z^7|=128,$$
因此有 $|z^7|>|z^5+10|$. 根据儒歇定理即知,在 $|z|<2$ 内,函数 z^7+z^5+10 与 z^7 有同样多的零点. 即题中所述方程在 $|z|<2$ 内有 7 个解. 因为解都在单位圆周之外,从而例题得证. □

练习 6.3

1. 判断下列多项式在圆周 $|z|=1$ 内的零点个数(计重数).
   (1) $z^6-5z^4+z^3-2z$;
   (2) $2z^4-2z^3+2z^2-2z+9$;
   (3) z^7-4z^3+z-1.
2. 判断方程 $2z^5-6z^2+z^3+z+1=0$ 在 $1\leqslant|z|<2$ 内根的个数.
3. 用儒歇定理证明代数基本定理.
4. 证明:方程 $z^7-z^3+12=0$ 的解都在圆环 $A(0;1,2)=\{z:1<|z|<2\}$ 内.
5. 设 $\varphi(z)$ 在 $C:|z|=1$ 上及其内部解析,且在 C 上 $|\varphi(z)|<1$. 证明:在 C 内只有一个点 z_0 使 $\varphi(z_0)=z_0$.
6. 证明:当 $|a|>e$ 时,方程 $e^z-az^n=0$ 在单位圆 $|z|=1$ 内有 n 个根.

第七章 共形映照

一个区域上的解析函数,从几何的角度可以看作是从该区域到另外一个复平面区域的解析变换或映照. 本章将简要介绍一类特殊但重要的解析映照——共形映照. 这类映照下,像和原像局部地具有某种相似性.

7.1 共形映照的定义

我们先考察解析映照的基本几何性质.

7.1.1 解析映照的保域性

定理 7.1.1(保域性定理或开映照定理) 区域 $D \subset \mathbf{C}$ 上的非常数解析映照 $f: D \to \mathbf{C}$ 的像域 $f(D)$ 也是区域.

证明 先证明 $f(D)$ 是一个开集. 任取 $w_0 \in f(D)$,我们要证明 w_0 为 $f(D)$ 的内点.

由于 $w_0 \in f(D)$,因此存在 $z_0 \in D$,使得 $f(z_0) = w_0$. 因为 f 不是常数,故由零点孤立性知,存在 $\overline{\Delta}(z_0, \delta_0) \subset D$,使得 $f(z) \neq w_0$ 于 $\overline{\Delta}^{\circ}(z_0, \delta_0)$.

现在令 η 为函数 $|f(z) - w_0|$ 在圆周 $|z - z_0| = \delta_0$ 上的最小值. 下证 $\Delta(w_0, \eta) \subset f(D)$,从而 w_0 为 $f(D)$ 的内点. 为此任意取定 $w^* \in \Delta(w_0, \eta)$,即 $|w^* - w_0| < \eta$. 于是在圆周 $|z - z_0| = \delta_0$ 上有

$$|f(z) - w_0| \geq \eta > |w^* - w_0| = |[f(z) - w_0] - [f(z) - w^*]|,$$

从而由儒歇定理,在圆周 $|z - z_0| = \delta_0$ 的内部 $\Delta(z_0, \delta_0)$,函数 $f(z) - w^*$ 和 $f(z) - w_0$ 有相同的零点个数,因此由 $f(z_0) = w_0$ 知存在 $z^* \in \Delta(z_0, \delta_0)$,使得 $f(z^*) - w^* = 0$,从而 $w^* = f(z^*) \in f(\Delta(z_0, \delta_0)) \subset f(D)$. 再由 $w^* \in \Delta(w_0, \eta)$ 的任意性,即知有 $\Delta(w_0, \eta) \subset f(D)$.

再证明 $f(D)$ 是连通的. 设 w_1, w_2 为 $f(D)$ 中任意两点, 则存在 $z_1, z_2 \in D$, 使得 $f(z_1) = w_1, f(z_2) = w_2$. 由于 D 连通, 因此存在折线 $L: z = \gamma(t) \subset D (0 \leqslant t \leqslant 1)$ 连接 z_1, z_2, 从而像曲线 $f(L): w = f[\gamma(t)] \subset f(D)$ 连接 w_1, w_2.

注意, $f(L)$ 也是闭曲线, 故可用有限个小圆覆盖, 再连接各个小圆圆心与 w_1, w_2, 就找到了折线连接 w_1, w_2. 这就证明了 $f(D)$ 的连通性. □

7.1.2 解析映照的保角性与伸缩率不变性

设映照 f 于区域 D 解析, 在点 $z_0 \in D$ 处 $f'(z_0) \neq 0$. 又设 $C: z = \gamma(t)$ $(0 \leqslant t \leqslant 1)$ 是 D 内从 $z_0 = \gamma(0)$ 出发的一条光滑曲线, 则 C 在点 z_0 处的切线与实轴的夹角为 $\arg \gamma'(0)$; C 在映照 f 下的像曲线 $f(C)$ 是从点 $w_0 = f(z_0)$ 出发的光滑曲线 $w = \sigma(t) = f[\gamma(t)]$. 由于

$$\sigma'(0) = f'[\gamma(0)]\gamma'(0) = f'(z_0)\gamma'(0),$$

像曲线 $f(C)$ 在点 w_0 处的切线与实轴的夹角为

$$\arg \sigma'(0) = \arg f'(z_0) + \arg \gamma'(0).$$

由此可知

$$\arg \sigma'(0) - \arg \gamma'(0) = \arg f'(z_0). \tag{7.1.1}$$

这说明像曲线 $f(C)$ 在点 w_0 处切向量的倾角与曲线 C 在点 z_0 处切向量的倾角之差是 $\arg f'(z_0)$, 仅与 z_0 有关, 而与曲线 C 无关. 换句话说, 像曲线在点 w_0 处的切线正向可由原曲线在点 z_0 处的切线正向旋转角度 $\arg f'(z_0)$ 得到, 故也称 $\arg f'(z_0)$ 为映照 $w = f(z)$ 在点 z_0 处的**旋转角**. 此乃导数辐角的几何意义, 如图 7-1 所示.

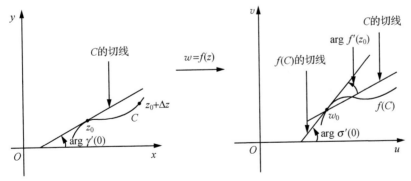

图 7-1

于是, 对任意两条由点 z_0 出发的光滑曲线 $C_1: z = \gamma_1(t), C_2: z = \gamma_2(t)$ $(0 \leqslant t \leqslant 1)$, 设它们在 f 下的像曲线为 $f(C_1): w = \sigma_1(t), f(C_2): w = \sigma_2(t) (0 \leqslant t \leqslant 1)$, 则由式 (7.1.1) 有

$$\arg \sigma_2'(0) - \arg \gamma_2'(0) = \arg \sigma_1'(0) - \arg \gamma_1'(0),$$

即有
$$\arg\sigma_2'(0)-\arg\sigma_1'(0)=\arg\gamma_2'(0)-\arg\gamma_1'(0). \quad (7.1.2)$$

这说明像曲线 $f(C_1)$, $f(C_2)$ 在 w_0 处的夹角与原曲线 C_1, C_2 在点 z_0 处的夹角相等并且方向相同. 此时, 称函数 f 在点 z_0 处**保角**. 因此, 我们事实上证明了**解析映照在导数不为 0 的点处保角**.

再考虑像点之间的距离与原像点之间距离的关系. 由于
$$f'(z_0)=\lim_{z\to z_0}\frac{f(z)-f(z_0)}{z-z_0},$$

沿从 z_0 出发的任何曲线 $C: z=\gamma(t)(0\leqslant t\leqslant 1)$ 有
$$\lim_{z\to z_0,z\in C}\frac{|f(z)-f(z_0)|}{|z-z_0|}=|f'(z_0)|,$$

即对 C 在 f 下的像曲线 $f(C): w=\sigma(t)=f[\gamma(t)]$, 有
$$\lim_{z\to z_0,z\in C}\frac{|w-w_0|}{|z-z_0|}=|f'(z_0)|. \quad (7.1.3)$$

这说明像点间微距离与原像点间微距离之比是仅与 z_0 有关而与过 z_0 的曲线 C 无关的定值. 该定值通常称为变换 $w=f(z)$ 在点 z_0 处的**伸缩率**. 而相应的这种性质称为映照 $w=f(z)$ 在点 z_0 处的**伸缩率不变性**.

因此, 上述讨论事实上证明了**解析映照具有伸缩率不变性**, 并且伸缩率为导数的模. 这也是导数模的几何意义.

定理 7.1.2 解析映照 $f: D\to \mathbf{C}$ 在导数不为 0 的点处具有保角性和伸缩率不变性.

7.1.3 单叶解析映照

定义 7.1.1 如果在变换 f 下, 区域 D 中任何两不同的点的像也不同, 则称变换 f 于 D 是单叶的, 同时称 D 为 f 的单叶性区域.

显然, 单叶映照不能是常值, 因此根据定理 7.1.1, 若映照 f 于区域 D 单叶解析, 则其值域 $f(D)$ 也是一个区域.

定理 7.1.3 设映照 f 于区域 D 单叶解析, 则 $f'\neq 0$ 于 D.

证明 假设在某点 $z_0\in D$ 处有 $f'(z_0)=0$. 记 $w_0=f(z_0)$. 显然 $f'\not\equiv 0$, 并且 $f(z)\not\equiv w_0$. 因此由零点孤立性知, 存在 $\overline{\Delta}(z_0,\delta)\subset D$, 使得在 $\overline{\Delta}^\circ(z_0,\delta)$ 上 $f'(z)\neq 0$, 并且 $f(z)\neq w_0$.

现在与定理 7.1.1 的证明一样, 令 η 为函数 $|f(z)-w_0|$ 在圆周 $|z-z_0|=\delta_0$ 上的最小值, 则可证明对任意 $w^*\in\Delta(w_0,\eta)$, 在圆周 $|z-z_0|=\delta_0$ 的内部 $\Delta(z_0,\delta_0)$, 函数 $f(z)-w^*$ 和 $f(z)-w_0$ 有相同的零点个数.

因为 z_0 是 $f-w_0$ 的重零点, 因此 $f-w^*$ 有两个零点. 对 $w^*\neq w_0$, $f-$

w^* 没有重零点,因此这两个零点不同. 于是 f 在这两个不同点处的值相等,与单叶性矛盾. □

定理 7.1.3 的逆一般不成立. 事实上,指数函数 e^z 的导数不取 0,并且指数函数 e^z 于复平面 $\mathbf{C}$ 不是单叶的:$e^0 = e^{2\pi i}$. 然而定理 7.1.3 的逆在局部是成立的.

定理 7.1.4 设映照 f 于点 z_0 处解析并且 $f'(z_0) \neq 0$,则 f 于 z_0 单叶:f 在 z_0 的某个邻域上单叶.

证明 记 $w_0 = f(z_0)$,则由条件知 f 非常数,并且在某邻域 $\overline{\Delta}(z_0, \delta_0)$ 内 f 只在 z_0 处取 w_0 一次:z_0 是 $f(z) - w_0$ 在 $\Delta(z_0, \delta_0)$ 内的唯一零点,并且该零点是单的.

现与定理 7.1.1 的证明一样,令 η 为函数 $|f(z) - w_0|$ 在圆周 $|z - z_0| = \delta_0$ 上的最小值,则可证明对任意 $w^* \in \Delta(w_0, \eta)$,在圆周 $|z - z_0| = \delta_0$ 的内部 $\Delta(z_0, \delta_0)$,函数 $f(z) - w^*$ 和 $f(z) - w_0$ 有相同的零点个数(计重数). 于是,对任意 $w^* \in \Delta(w_0, \eta)$,函数 $f(z) - w^*$ 在 $\Delta(z_0, \delta_0)$ 内只有唯一零点,并且该零点是单的.

由于 $f(z)$ 是连续的,故存在正数 δ_1 使得
$$f(\Delta(z_0, \delta_1)) \subset \Delta(w_0, \eta).$$
由上分析,对 $\Delta(z_0, \delta_1)$ 中任何两点 $z_1 \neq z_2$ 有 $f(z_1) \neq f(z_2)$,即函数 f 在 $\Delta(z_0, \delta_1)$ 内单叶. □

定理 7.1.4 表明于点 z_0 解析并且导数不为 0 的变换,必然在点 z_0 处单叶解析,因而将 z_0 的充分小邻域一一地变换为像点 $w_0 = f(z_0)$ 的某个小邻域. 更进一步地,这两个小邻域的几何形状之间具有某种相似性. 粗略地说,像邻域大约是 z_0 的邻域在线性变换 $w = w_0 + f'(z_0)(z - z_0)$ 下的像. 这种性质通常称为共形性.

7.1.4 共形映照

定义 7.1.2 设映照 $w = f(z)$ 在点 z_0 的某邻域内单叶,并且在 z_0 具有保角性和伸缩率不变性,则称映照 $w = f(z)$ 在点 z_0 处共形. 如果映照在区域 D 的每个点处都共形,则称该映照于区域 D 共形.

根据定理 7.1.2 和 7.1.3,我们有如下定理:

定理 7.1.5 区域 D 上的单叶解析映照是共形映照,并且其逆映照也是单叶解析.

证明 设映照 $w = f(z)$ 于 D 单叶解析,则按定理 7.1.2、7.1.3 和定义 7.1.2,f 于 D 共形.

根据单叶性,变换 $f: D \to G = f(D)$ 是一一对应的,因而有一一对应的

逆变换 $f^{-1}:G \to D$，即 f^{-1} 也是单叶的.

现证明 f^{-1} 是解析的. 任取 $w_0 \in G$，则存在唯一的 $z_0 \in D$ 使得 $f(z_0) = w_0$. 由 f 的单叶性可知 $f'(z_0) \neq 0$. 由于

$$\lim_{z \to z_0} \frac{f(z) - f(z_0)}{z - z_0} = f'(z_0) \neq 0,$$

在点 z_0 的某个邻域 $\Delta(z_0)$ 上有

$$|f(z) - f(z_0)| \geq \frac{1}{2}|f'(z_0)||z - z_0|.$$

由保域性定理，$f(\Delta(z_0))$ 是点 w_0 的邻域 $\Delta(w_0)$. 于是对任何 $w \in \Delta^\circ(w_0)$，存在 $z \in \Delta^\circ(z_0)$，使得 $f(z) = w$，并且满足

$$|z - z_0| \leq \frac{2}{|f'(z_0)|}|w - w_0|. \tag{7.1.4}$$

从而当 $w \to w_0$ 时有 $z \to z_0$. 由于 $z = f^{-1}(w), z_0 = f^{-1}(w_0)$，这实际上证明了逆映照 f^{-1} 在点 w_0 处连续.

于是由

$$\frac{f^{-1}(w) - f^{-1}(w_0)}{w - w_0} = \frac{z - z_0}{f(z) - f(z_0)} = \frac{1}{\dfrac{f(z) - f(z_0)}{z - z_0}}$$

知

$$\lim_{w \to w_0} \frac{f^{-1}(w) - f^{-1}(w_0)}{w - w_0} = \frac{1}{f'(z_0)},$$

即逆映照 f^{-1} 在任一点 $w_0 \in G$ 处可导，并且

$$(f^{-1})'(w_0) = \frac{1}{f'(z_0)}. \tag{7.1.5}$$

这就证明了逆映照的解析性. □

对区域 D 上的共形映照 f，其值域 $G = f(D)$ 自然也是区域. 此时，我们也称区域 D 与 G **共形等价**. 一个重要而自然的问题便是，什么样的区域之间是共形等价的? 这个问题的回答相当困难. 我们仅不加证明地叙述如下的**黎曼映照定理**.

定理 7.1.6 任何单连通区域 $D \subsetneq \mathbf{C}$ 与单位圆域 $\Delta(0,1)$ 共形等价: 对任何给定的 $a \in D$，存在唯一的区域 D 上的共形映照 f，使得 $f(D) = \Delta(0,1)$，并且 $f(a) = 0, f'(a) > 0$. □

定理 7.1.6 中给出的共形映照 f 一般而言是相当复杂的，但如果单连通区域 D 比较特殊，如圆形区域等，则共形映照可以由分式线性函数等初等函数给出. 为了后续的应用，我们指出关于共形映照的两个基本事实：一是共形映照的复合仍然是共形映照，即若 $f:D \to G = f(D)$ 共形，$h:G \to W = h(G)$ 共形，则复合映照 $h \circ f:D \to W$ 也共形；二是共形映照的限制也是共形的，即若 $f:D \to G = f(D)$ 共形，则对任何子区域 $\Omega \subset D, f|_\Omega:\Omega \to f(\Omega)$ 也共形.

练习 7.1

1. 设 $w=z^2$，求出该映照在点 $z_0=2+i$ 处的旋转角，并且选取某个特殊曲线进行说明，证明该点处的伸缩率为 $2\sqrt{5}$.

2. 计算映照 $w=\dfrac{1}{z}$ 在下列点处的旋转角：
   (1) $z_0=1$；　　　　　(2) $z_0=i$.

3. 讨论函数 e^z 的保角性和共形性.

4. 利用解析映照的保域性定理证明：设函数 $f(z)$ 在区域 D 内解析，$z_0\in D$，若 $|f(z_0)|=\max\limits_{z\in D}|f(z)|$，则 $f(z)$ 在区域 D 内为常数.

5. 证明：去心单位圆域 $\{z:0<|z|<1\}$ 与单位圆域 $\{z:|z|<1\}$ 不共形等价.

6. 证明：复平面 $\mathbf{C}$ 与任何单连通区域 $D\subsetneqq\mathbf{C}$ 不共形等价.

7.2 线性变换

所谓线性变换是指如下形式的变换：
$$w=M(z)=\frac{az+b}{cz+d}, \quad ad-bc\neq 0. \tag{7.2.1}$$

线性变换也常称为 **莫比乌斯(Möbius)变换**.

当 $c=0$ 时，
$$M(z)=\frac{a}{d}z+\frac{b}{d}=kz+h(k\neq 0)$$

称为 **整线性变换**. 若设 $k=\rho e^{i\theta}$，则整线性变换
$$M(z)=\rho e^{i\theta}z+h$$

可分解为如下 3 个最简整线性变换的复合：$M=M_3\circ M_2\circ M_1$，其中

$$\text{旋转变换 } M_1:w=e^{i\theta}z, \tag{7.2.2}$$
$$\text{伸缩变换 } M_2:w=\rho z, \tag{7.2.3}$$
$$\text{平移变换 } M_3:w=z+h. \tag{7.2.4}$$

容易验证，旋转、伸缩、平移都是复平面 $\mathbf{C}$ 到自身的单叶解析映照，因此任何整线性变换(7.2.1)都是复平面 $\mathbf{C}$ 到自身的单叶解析映照，从而是复平面 $\mathbf{C}$ 到自身的共形映照.

当 $c\neq 0$ 时，

$$M(z) = \frac{bc-ad}{c^2} \cdot \frac{1}{z+\dfrac{d}{c}} + \frac{a}{c} = \frac{A}{z+B} + C, \qquad (7.2.5)$$

式中,$A \neq 0$. 此时,线性变换可分解为如下变换的复合:$M = M_3 \circ M_2 \circ M_1$,其中

$$\text{平移变换 } M_1: w = z + B, \qquad (7.2.6)$$

$$\text{反演变换 } M_2: w = \frac{1}{z}, \qquad (7.2.7)$$

$$\text{整线性变换 } M_3: w = Az + C. \qquad (7.2.8)$$

容易验证反演变换 $w = \dfrac{1}{z}$ 是去心复平面 $\mathbf{C}^* = \mathbf{C}\backslash\{0\}$ 到去心复平面 $\mathbf{C}^*$ 自身的单叶解析映照,因而也是去心复平面 $\mathbf{C}^*$ 到自身的共形映照. 由于共形映照的复合仍然是共形的,因此线性变换(7.2.5)是平面区域 $\mathbf{C}\backslash\{-B\}$ 到 $\mathbf{C}\backslash\{C\}$ 的共形映照.

整线性变换

$$M(z) = kz + h \, (k \neq 0)$$

可通过定义 $M(\infty) = \infty$ 延拓到扩充复平面 $\overline{\mathbf{C}}$ 上,而且是 $\overline{\mathbf{C}}$ 到 $\overline{\mathbf{C}}$ 的单叶变换. 一般线性变换(7.2.5)可通过定义 $M(-B) = \infty, M(\infty) = C$ 延拓到扩充复平面 $\overline{\mathbf{C}}$ 上,而且是 $\overline{\mathbf{C}}$ 到 $\overline{\mathbf{C}}$ 的单叶变换.

为说明线性变换的共形性,需要给出两曲线在点 ∞ 处的夹角的定义.

定义 7.2.1 两条曲线在 ∞ 处的夹角定义为这两条曲线在反演变换下的像曲线在原点处的夹角.

从几何上看,在球极平面投影下,$\overline{\mathbf{C}}$ 就是黎曼球面 S^2,∞ 对应黎曼球面的北极点 N,因此两条相交于 ∞ 的曲线对应于两条相交于北极点 N 的球面曲线. 在反演变换下,相交于北极点的这两条曲线变换为相交于原点 O 的两条曲线,并且夹角的大小和方向都不变.

于是反演变换在 0 和 ∞ 处都是保角的,从而是 $\overline{\mathbf{C}}$ 到 $\overline{\mathbf{C}}$ 的共形映照.

为考察整线性变换 $w = kz + h \, (k \neq 0)$ 在 ∞ 处的保角性,先通过反演变换 $\zeta = \dfrac{1}{z}$ 将扩充 z 复平面上的 ∞ 映为扩充 ζ 复平面上的原点 O;同时用反演变换 $v = \dfrac{1}{w}$ 将扩充 w 复平面上的 ∞ 映为扩充 v 复平面上的原点 O,如图 7-2 所示.

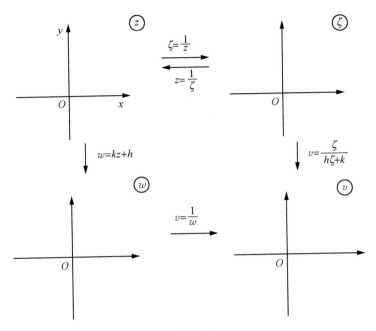

图 7-2

由此可得扩充 ζ 复平面到扩充 v 复平面的变换

$$v = \frac{\zeta}{h\zeta + k}, \tag{7.2.9}$$

使得 $\zeta = 0$ 的像为 $v = 0$. 由于 $v'(0) = \frac{1}{k} \neq 0$, 因此变换 (7.2.9) 在 0 处保角. 于是整线性变换 $w = kz + h (k \neq 0)$ 在 ∞ 处保角.

由保角映照的复合仍然保角, 我们得如下定理.

定理 7.2.1 线性变换 (7.2.1) 是扩充复平面 $\overline{\mathbf{C}}$ 到自身的共形映照. □

线性变换还有许多重要的性质. 为方便叙述, 我们把扩充复平面上的直线看作是经过点 ∞ 的圆. 因为扩充复平面上的直线在球极平面投影下的像是黎曼球面 S^2 上过北极点的圆, 这种看法是合理的. 于是, 扩充复平面上圆的方程可表示为如下统一的形式:

$$Az\bar{z} + \bar{\beta}z + \beta\bar{z} + B = 0, \tag{7.2.10}$$

其中 A, B 为实数且 $|\beta|^2 > AB$. 当 $A = 0$ 时, 表示直线; 当 $A \neq 0$ 时, 表示有限圆.

定理 7.2.2 (保圆性) 线性变换将扩充复平面上的圆变换为扩充复平面上的圆.

证明 根据线性变换的分解, 我们只需要证明旋转、伸缩、平移和反演这四种变换具有保圆性.

设圆的方程为式 (7.2.10), 则在旋转变换 $w = e^{i\theta}z$ 下, 由 $z = e^{-i\theta}w$ 知, 像曲线的方程为

$$Aw\overline{w}+\overline{\beta e^{i\theta}}w+\beta e^{i\theta}\overline{w}+B=0,$$

仍然具有式(7.2.10)的形式,故像曲线为圆.

在伸缩变换 $w=\rho z$ 下,由 $z=\dfrac{1}{\rho}w$ 知,像曲线为

$$\dfrac{A}{\rho^2}w\overline{w}+\dfrac{\overline{\beta}}{\rho}w+\dfrac{\beta}{\rho}\overline{w}+B=0,$$

仍然具有式(7.2.10)的形式,故像曲线为圆.

在平移变换 $w=z+h$ 下,由 $z=w-h$ 知,像曲线为

$$Aw\overline{w}+(\overline{\beta-Ah})w+(\beta-Ah)\overline{w}+B-(\overline{\beta}h+\beta\overline{h})+A|h|^2=0,$$

仍然具有式(7.2.10)的形式,故像曲线为圆.

在反演变换 $w=\dfrac{1}{z}$ 下,由 $z=\dfrac{1}{w}$ 知,像曲线为

$$Bw\overline{w}+\beta w+\overline{\beta}\overline{w}+A=0,$$

仍然具有式(7.2.10)的形式,故像曲线为圆. ■

例 7.2.1 将直线 l 映照为直线 L 的线性变换有整线性变换和

$$w=w_0+\dfrac{c}{z-z_0}, \tag{7.2.11}$$

其中 $c\neq 0$ 为常数,点 $z_0\in l$,点 $w_0\in L$. 在变换(7.2.11)之下,直线

$$l:\overline{\beta}(z-z_0)+\beta(\overline{z-z_0})=0$$

变换为像直线

$$L:\beta\overline{c}(w-w_0)+\overline{\beta}c(\overline{w-w_0})=0.$$

证明 事实上,如果线性变换将 l 经过的 ∞ 变换为 ∞,则变换为整线性变换. 否则,变换将 l 经过的 ∞ 变换为某有限点 w_0;也必将 l 上某有限点 z_0 变换为 ∞. 于是变换必具有所给的形式. ■

根据定理 7.2.2,线性变换 M 将扩充复 z 平面上的圆 γ 变为扩充复 w 平面上的圆 $\Gamma=M(\gamma)$. 每个圆将扩充复平面分割成两个区域:对有限圆,这两个区域就是圆内部与圆外部;对直线圆,这两个区域就是以直线为分界线的两个半平面. 于是就自然有如下问题:圆 γ 分割扩充复 z 平面得到的两个区域 d_1,d_2 与圆 Γ 分割扩充复 w 平面得到的两个区域 D_1,D_2 之间是否有对应关系? 如何确定这种对应关系?

首先 $M(d_1)$ 必然是 D_1,D_2 中的一个,$M(d_2)$ 是 D_1,D_2 中的另一个. 确定对应区域的办法有两个. 一是在 d_1 或 d_2 中取定一点,如 $z_0\in d_1$,然后考察其像 $M(z_0)$:若 $M(z_0)\in D_1$,则 $M(d_1)=D_1$;否则 $M(d_1)=D_2$. 二是在 γ 上取三点 z_1,z_2,z_3,使得方向 $z_1\to z_2\to z_3$ 是 d_1 边界 γ 的正向(逆时针,或区域在左边),则像点 w_1,w_2,w_3 对应方向 $w_1\to w_2\to w_3$ 是边界 Γ 正向的区域就是 d_1 的像,如图 7-3 所示.

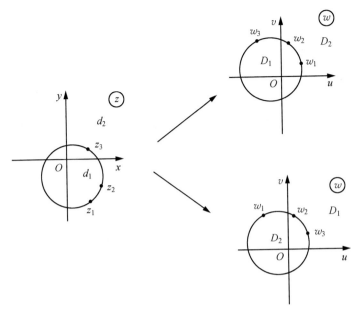

图 7-3

现对扩充复平面上的两个圆域 d 和 D,我们证明它们之间是共形的,而且共形映照可由线性变换给出. 为此,我们考察线性变换表示式: $w = \dfrac{az+b}{cz+d}$. 这里的 4 个复参数 a,b,c,d 实际上只有 3 个是独立的. 因此,不同的 3 对对应 $z_j \to w_j, j=1,2,3$,就能够确定这个线性变换.

事实上,由 $w_j = \dfrac{az_j+b}{cz_j+d}$ 及 $w = \dfrac{az+b}{cz+d}$ 有

$$w - w_j = \frac{(ad-bc)(z-z_j)}{(cz+d)(cz_j+d)} \text{ 和 } w_3 - w_j = \frac{(ad-bc)(z_3-z_j)}{(cz_3+d)(cz_j+d)} \quad (j=1,2),$$

从而

$$\frac{\dfrac{w-w_1}{w-w_2}}{\dfrac{w_3-w_1}{w_3-w_2}} = \frac{\dfrac{z-z_1}{z-z_2}}{\dfrac{z_3-z_1}{z_3-z_2}}. \tag{7.2.12}$$

由此可得到一个线性变换 M,其将 z_1,z_2,z_3 分别映照为 w_1,w_2,w_3.

对 4 个互异复数 z_1,z_2,z_3,z_4,量

$$\frac{\dfrac{z_4-z_1}{z_4-z_2}}{\dfrac{z_3-z_1}{z_3-z_2}}$$

常写作

$$\frac{z_4-z_1}{z_4-z_2} : \frac{z_3-z_1}{z_3-z_2},$$

称为复数 z_1,z_2,z_3,z_4 的**交比**,记为 (z_1,z_2,z_3,z_4). 若 4 个数中有 1 个为 ∞,

则用极限来定义. 例如,

$$(z_1, \infty, z_3, z_4) = \lim_{z_2 \to \infty}(z_1, z_2, z_3, z_4) = \frac{z_4 - z_1}{z_3 - z_1}.$$

于是,式(7.2.12)可写成

$$(w_1, w_2, w_3, w) = (z_1, z_2, z_3, z). \qquad (7.2.13)$$

由此可得线性变换的**保交比性**:对任何 4 个点 z_1, z_2, z_3, z_4 和任何线性变换 M,总有

$$(M(z_1), M(z_2), M(z_3), M(z_4)) = (z_1, z_2, z_3, z_4).$$

定理 7.2.3(圆域的共形性) 扩充复平面上任何两个圆域 d 和 D 都是共形的,而且共形映照可由线性变换给出.

证明 设两个圆域 d 和 D 的边界分别为圆 γ 和 Γ. 在 γ 上取 3 个点 z_1, z_2, z_3 使得方向 $z_1 \to z_2 \to z_3$ 是其所围区域 d 的边界 γ 的正向;同时在 Γ 上取 3 个点 w_1, w_2, w_3,使得方向 $w_1 \to w_2 \to w_3$ 是其所围区域 D 的边界 Γ 的正向.

由式(7.2.13)得,存在唯一的线性变换 M,使得

$$M(z_1) = w_1, \quad M(z_2) = w_2, \quad M(z_3) = w_3.$$

因为线性变换具有保圆性,故其将过 3 个点 z_1, z_2, z_3 的圆 γ 映照为过 3 个点 w_1, w_2, w_3 的圆 Γ. 由于方向 $z_1 \to z_2 \to z_3$ 是 d 的边界 γ 的正向,而方向 $w_1 \to w_2 \to w_3$ 是区域 D 的边界 Γ 的正向,并且线性变换是共形的,因此线性变换 M 将 d 共形映照为 D. ▪

定理 7.2.4(圆域间共形映照线性性) 扩充复平面上任何两个圆域间的共形映照必为线性变换.

证明 不妨设两个圆域 d 和 D 都是有限的并且是单位圆,即 $d: |z| < 1, D: |w| < 1$. 设 $f: d \to D$ 是任一共形映照,使得 $f(a) = 0 (a \in d)$. 作一线性变换 $h: d \to d$ 使得 $h(0) = a$,则共形映照

$$g = f \circ h : d \to D,$$

且满足 $g(0) = (f \circ h)(0) = 0$.

由定理 7.2.3 可作线性变换 $M: d \to D$ 使得 $M(0) = 0$. 于是共形映照 $g \circ M^{-1}: D \to D$ 满足 $(g \circ M^{-1})(0) = 0$. 由此满足施瓦茨引理条件而知有

$$|(g \circ M^{-1})(w)| \leqslant |w|,$$

从而 $|g(z)| \leqslant |M(z)|$. 同理对共形映照 $M \circ g^{-1}: D \to D$ 应用施瓦茨引理可有

$$|M(z)| \leqslant |g(z)|.$$

于是在单位圆内 $|g(z)| = |M(z)|$,从而存在常数 $c: |c| = 1$ 使得 $g(z) = cM(z)$.

于是 $f = g \circ h^{-1} = cM \circ h^{-1}$ 为线性变换. ▪

线性变换还有一个重要性质是保对称性. 我们知道,两有限点 z_1, z_2 关

于直线 l 对称,是指直线 l 垂直平分两点连线段 z_1z_2.

例 7.2.2 两有限点 z_1, z_2 关于直线 $l: \bar{\beta}z + \beta\bar{z} + B = 0$ 对称的充要条件为
$$\bar{\beta}z_2 + \beta\overline{z_1} + B = 0 \quad (B \text{ 为实数}). \tag{7.2.14}$$

证明 两点 z_1, z_2 连线方程为
$$\overline{(z_2 - z_1)}(z - z_1) - (z_2 - z_1)\overline{(z - z_1)} = 0.$$

该连线与 l 垂直当且仅当 $\dfrac{z_2 - z_1}{\beta} = t \in \mathbf{R}$. 在此条件下,直线 l 的方程为
$$\overline{(z_2 - z_1)}z + (z_2 - z_1)\bar{z} + Bt = 0,$$

并且两有限点 z_1, z_2 关于直线 l 对称当且仅当中点 $\dfrac{z_1 + z_2}{2} \in l$, 即
$$\overline{(z_2 - z_1)}\frac{z_1 + z_2}{2} + (z_2 - z_1)\overline{\frac{z_1 + z_2}{2}} + Bt = 0.$$

整理得 $z_2\overline{z_2} - z_1\overline{z_1} + Bt = 0$. 由于
$$z_2\overline{z_2} - z_1\overline{z_1} = \overline{(z_2 - z_1)}z_2 + \overline{z_1}(z_2 - z_1) = t(\bar{\beta}z_2 + \beta\overline{z_1}),$$

因此,我们得到式 (7.2.14).

反之,若有式 (7.2.14), 则因为 B 是实数,所以有
$$\bar{\beta}\overline{z_1} + \beta\overline{z_2} + B = 0.$$

于是就有 $\bar{\beta}z_2 + \beta\overline{z_1} = \bar{\beta}z_1 + \beta\overline{z_2}$. 由此有
$$\bar{\beta}(z_2 - z_1) = \beta(\overline{z_2} - \overline{z_1}).$$

这说明 $\dfrac{z_2 - z_1}{\beta} = t \in \mathbf{R}$, 从而直线 l 与 z_1 和 z_2 的连线垂直. 同时,将点 $z = \dfrac{z_1 + z_2}{2}$ 代入 l 的方程可知直线 l 经过中点 $\dfrac{z_1 + z_2}{2}$. 于是,点 z_1, z_2 关于直线 l 对称. □

根据例 7.2.1 和例 7.2.2, 不难验证, 对任何将直线 l 映照为直线 L 的线性变换 M, 关于直线 l 对称的两点 z_1, z_2 的像 $M(z_1), M(z_2)$ 关于像直线 $L = M(l)$ 对称.

直线是一种经过 ∞ 的圆,而且一般的有限圆可由线性变换映照为直线,因此,我们可以将两点关于直线对称的概念推广到两点关于有限圆周对称.

定义 7.2.2 设有两相异点 z_1, z_2 和一有限圆 $\gamma: |z - z_0| = r$. 如果在任何将 γ 映照为直线的线性变换 M 下, 点 z_1, z_2 的像点 $M(z_1), M(z_2)$ 关于像直线 $M(\gamma)$ 对称, 我们就称点 z_1, z_2 关于圆 $\gamma: |z - z_0| = r$ 对称.

定理 7.2.5 两相异有限点 z_1, z_2 关于圆 $\gamma: |z - z_0| = r$ 对称的充要条件为
$$z_2 - z_0 = \frac{r^2}{\overline{z_1 - z_0}}. \tag{7.2.15}$$

证明 设 M 是将 γ 映照为直线的线性变换,则必将 γ 上某点 $z^* = z_0 + re^{i\theta_0}$ 映照为 ∞. 此时 $M(\infty) = w_0$ 必为一有限数,故由式(7.2.5)知 M 具有如下形式:

$$w = M(z) = \frac{A}{z - z^*} + w_0, \quad A \neq 0.$$

于是,经计算可知,像直线 $M(\gamma)$ 的方程为

$$\bar{\alpha}(w - w_0) + \alpha \overline{(w - w_0)} + \alpha \bar{\alpha} = 0,$$

式中,

$$\alpha = \frac{A}{r} e^{-i\theta_0} = \frac{A}{z^* - z_0}.$$

z_1, z_2 的像点分别为

$$w_1 = \frac{A}{z_1 - z^*} + w_0, \quad w_2 = \frac{A}{z_2 - z^*} + w_0.$$

由例 7.2.2,点 w_1 与 w_2 关于像直线 $M(\gamma)$ 对称的充要条件为

$$\bar{\alpha}(w_2 - w_0) + \alpha \overline{(w_1 - w_0)} + \alpha \bar{\alpha} = 0.$$

经计算,这等价于 $\overline{(z_1 - z_0)}(z_2 - z_0) = r^2$,从而式(7.2.15)成立.

容易证明,与 ∞ 关于圆 $\gamma: |z - z_0| = r$ 对称的点就是圆心 z_0. 由式(7.2.15)有

$$z_2 - z_0 = \frac{r^2}{|z_1 - z_0|^2}(z_1 - z_0).$$

于是,两有限点 z_1, z_2 关于圆周 $\gamma: |z - z_0| = r$ 对称等价于:① 点 z_1, z_2 位于 z_0 出发的一条射线上,分置于圆周两侧;② $|z_1 - z_0||z_2 - z_0| = r^2$,即两点与圆心的几何平均距离等于半径.

现从几何的角度来考察对称性. 如果 γ 是一条直线,则直观地有: z_1, z_2 关于 γ 对称,当且仅当过 z_1, z_2 的任何圆与 γ 正交(交点处切线与 γ 垂直),如图 7-4 所示. 这个结论对一般的有限圆也成立.

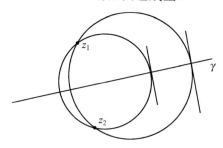

图 7-4

定理 7.2.6 在扩充复平面上,两点 z_1, z_2 关于圆周 γ 对称当且仅当 γ 与过 z_1, z_2 的任何圆正交.

证明 我们只证明 γ 是有限圆周的情形(图 7-5). 设 $\gamma: |z - z_0| = r$.

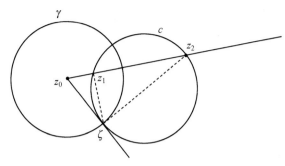

图 7-5

先证必要性. 设两点 z_1, z_2 关于圆周 γ 对称.

首先, 过 z_1, z_2 的直线因为经过圆心 z_0 而与 γ 正交.

现设 c 是过 z_1, z_2 的任一非直线的圆周. 从 γ 的圆心 z_0 向圆周 c 作切线, 设切点为 ζ. 根据平面几何的切割线定理, 我们有
$$|\zeta - z_0|^2 = |z_1 - z_0||z_2 - z_0|.$$

由于点 z_1, z_2 关于圆周 $\gamma: |z - z_0| = r$ 对称, 由定理 7.2.5 知
$$|z_1 - z_0||z_2 - z_0| = r^2.$$

于是我们得到 $|\zeta - z_0| = r$. 这说明切点 ζ 在圆周 γ 上, 即 ζ 是 c 与 γ 的交点, 因此 c 与 γ 正交.

再证充分性. 设过 z_1, z_2 的任何圆与 γ 正交. 于是, 过 z_1, z_2 的直线与 γ 正交, 从而过 z_1, z_2 的直线必经过 γ 的圆心 z_0, 即点 z_0, z_1, z_2 在一条直线上.

再作过 z_1, z_2 的非直线圆周 c, 则 c 与 γ 正交. 记其中一个交点为 ζ. 根据正交性, c 与 γ 在交点 ζ 处的切线必互相经过圆心. 由此, z_0 必然在圆 c 的外部, 并且 γ 的半径 $z_0\zeta$ 与 c 相切于 ζ.

因为 z_0 在圆 c 的外部, 圆 c 经过 z_1, z_2 并且点 z_0, z_1, z_2 共线, 所以 z_1, z_2 必在由 z_0 出发的某条射线上. 于是, 仍然可由切割线定理有
$$|z_1 - z_0||z_2 - z_0| = |\zeta - z_0|^2 = r^2.$$

由定理 7.2.5 知, 两点 z_1, z_2 关于圆周 $\gamma: |z - z_0| = r$ 对称. □

定理 7.2.7(保对称性) 线性变换 M 将扩充复平面上关于圆周 γ 对称的两点映照为关于像圆周 $M(\gamma)$ 对称的两点.

证明 设 z_1, z_2 关于 γ 对称. 记 $w_1 = M(z_1), w_2 = M(z_2)$. 设 C 是经过 w_1, w_2 的任一圆周, 则 C 的原像 $M^{-1}(C)$ 必然是过 z_1, z_2 的一个圆. 由于 z_1, z_2 关于 γ 对称, 因此由定理 7.2.6 知 $M^{-1}(C)$ 与 γ 正交.

由于线性变换是保角的, 因此 $M[M^{-1}(C)]$ 与 $M(\gamma)$ 正交, 即 C 与 $M(\gamma)$ 正交. 仍然由定理 7.2.6 知 w_1, w_2 关于 $M(\gamma)$ 对称. □

例 7.2.3 确定将上半平面 $\text{Im } z > 0$ 共形映照到单位圆 $|w| < 1$ 的线性变换, 使得上半平面内某定点 a 的像为 0.

解 根据保对称性,点 a 关于实轴的对称点 $\bar{a}$ 在所求线性变换下的像是 a 的像点 0 关于圆周 $|w|=1$ 的对称点 ∞. 因此,所求线性变换具有形式

$$w = k\frac{z-a}{z-\bar{a}},$$

其中 k 为待确定的常数. 由于线性变换将实轴变换为单位圆周,因此 0 的像在单位圆周上,从而得

$$\left|k\frac{0-a}{0-\bar{a}}\right|=1,$$

即 $|k|=1$. 故所求线性变换为

$$w=e^{i\theta}\frac{z-a}{z-\bar{a}},\quad \theta\in\mathbf{R}.\qquad\square$$

例 7.2.3 中所得的线性变换的逆变换

$$z=\frac{\bar{a}w-ae^{i\theta}}{w-e^{i\theta}}$$

将单位圆 $|w|<1$ 映照为上半平面 $\operatorname{Im} z>0$,并使圆心 0 的像为上半平面内某定点 a.

例 7.2.4 确定将上半平面 $\operatorname{Im} z>0$ 共形映照到上半平面 $\operatorname{Im} w>0$ 的线性变换的形式.

解 所求线性变换将实轴映照为实轴,并且保持正向,因此 z 平面上 3 个实数 $x_1<x_2<x_3$ 在 w 平面上的 3 个实数像 u_1,u_2,u_3 满足 $u_1<u_2<u_3$. 根据线性变换的保交比性,所求线性变换由等式

$$(x_1,x_2,x_3,z)=(u_1,u_2,u_3,w)$$

确定. 于是

$$w=\frac{az+b}{cz+d},$$

其中系数 a,b,c,d 都为实数:

$$a=\frac{u_3-u_1}{u_3-u_2}u_2-\frac{x_3-x_1}{x_3-x_2}u_1,$$

$$b=-\frac{u_3-u_1}{u_3-u_2}u_2 x_1+\frac{x_3-x_1}{x_3-x_2}u_1 x_2,$$

$$c=\frac{u_3-u_1}{u_3-u_2}-\frac{x_3-x_1}{x_3-x_2},$$

$$d=-\frac{u_3-u_1}{u_3-u_2}x_1+\frac{x_3-x_1}{x_3-x_2}x_2.$$

可以直接计算验证 $ad-bc>0$,也可经如下方法验证:由于上半平面内点 i 的像在上半平面内,因此

$$0<\operatorname{Im}\frac{ai+b}{ci+d}=\operatorname{Im}\frac{(ai+b)(-ci+d)}{c^2+d^2}=\frac{ad-bc}{c^2+d^2},$$

即有 $ad-bc>0$.

反之,实系数 a,b,c,d 满足 $ad-bc>0$ 的线性变换 $w=\dfrac{az+b}{cz+d}$ 一定将上半平面 $\mathrm{Im}\,z>0$ 共形映照到上半平面 $\mathrm{Im}\,w>0$. 这是因为它将实轴映照为实轴,并且点 i 的像在上半平面内. □

例 7.2.5 确定将单位圆 $|z|<1$ 共形映照到单位圆 $|w|<1$ 的线性变换,使得圆内某定点 a 的像为 0.

解 若 $a=0$,则所求变换就是旋转变换 $w=\mathrm{e}^{\mathrm{i}\vartheta}z$,故下设 $a\neq 0$.

点 a 关于单位圆周 $|z|=1$ 的对称点为 $\dfrac{1}{\bar{a}}$,0 关于单位圆周 $|w|=1$ 的对称点为 ∞,因此由保对称性,点 $\dfrac{1}{\bar{a}}$ 的像为 ∞. 于是所求映照具有形式

$$w=k\,\frac{z-a}{z-\dfrac{1}{\bar{a}}}=k^*\,\frac{z-a}{1-\bar{a}z}.$$

由于映照将单位圆周映为单位圆周,因此 $z=1$ 的像在单位圆周上,即有

$$\left|k^*\,\frac{1-a}{1-\bar{a}}\right|=1.$$

由此可得 $k^*=\mathrm{e}^{\mathrm{i}\vartheta}$,从而线性变换为

$$w=\mathrm{e}^{\mathrm{i}\vartheta}\,\frac{z-a}{1-\bar{a}z}.\qquad\square$$

例 7.2.6 确定将圆 $|z-z_0|<r$ 共形映照到圆 $|w-w_0|<R$ 的线性变换,使得圆内某定点 $a:|a-z_0|<r$ 的像为点 $A:|A-w_0|<R$.

解 先做变换

$$M_1:z\to u=\frac{z-z_0}{r},$$

将圆 $|z-z_0|<r$ 共形映照为单位圆 $|u|<1$,点 a 映照为 $u_0=\dfrac{a-z_0}{r}$.

再做变换 M_2,使得单位圆 $|u|<1$ 变换为单位圆 $|v|<1$,将点 u_0 映照为 $v=0$. 此时由例 7.2.5 知

$$M_2:u\to v=\mathrm{e}^{\mathrm{i}\vartheta}\,\frac{u-u_0}{1-\bar{u}_0 u}.$$

现再考察圆 $|w-w_0|<R$. 做变换

$$T_1:w\to\eta=\frac{w-w_0}{R},$$

其将圆 $|w-w_0|<R$ 变换为单位圆 $|\eta|<1$,使得 A 的像为

$$\eta_0=\frac{A-w_0}{R}.$$

于是,变换 T_1 的逆变换

$$T_1^{-1}:w=w_0+R\eta$$

将单位圆 $|\eta|<1$ 映照为圆 $|w-w_0|<R$,并且将点 $\eta_0=\dfrac{A-w_0}{R}$ 映照为点 A.

再做变换 T_2,将单位圆 $|\eta|<1$ 映照为单位圆 $|v|<1$,并且将点 $\eta=\eta_0$ 映照为点 $v=0$. 此时由例 7.2.5 知

$$T_2: v = \mathrm{e}^{\mathrm{i}\alpha} \frac{\eta-\eta_0}{1-\overline{\eta_0}\eta}.$$

其逆变换

$$T_2^{-1}: \eta = \frac{v + \mathrm{e}^{\mathrm{i}\alpha}\eta_0}{v\overline{\eta_0} + \mathrm{e}^{\mathrm{i}\alpha}}$$

将单位圆 $|v|<1$ 映照为单位圆 $|\eta|<1$,并且将点 $v=0$ 映照为点 $\eta=\eta_0$.

于是,圆 $|z-z_0|<r$ 依次经过变换 $M_1, M_2, T_2^{-1}, T_1^{-1}$ 共形映照为圆 $|w-w_0|<R$ 的线性变换,使得 a 的像为点 A. 所求变换为

$$w = T_1^{-1} \circ T_2^{-1} \circ M_2 \circ M_1(z)$$

$$= \frac{[w_0(\overline{A-w_0})+R^2]r(z-a)+\mathrm{e}^{\mathrm{i}\beta}AR[r^2-(\overline{a-z_0})(z-z_0)]}{r(\overline{A-w_0})(z-a)+\mathrm{e}^{\mathrm{i}\beta}R[r^2-(\overline{a-z_0})(z-z_0)]},$$

式中,$\beta=\alpha-\theta$.

其过程如图 7-6 所示.

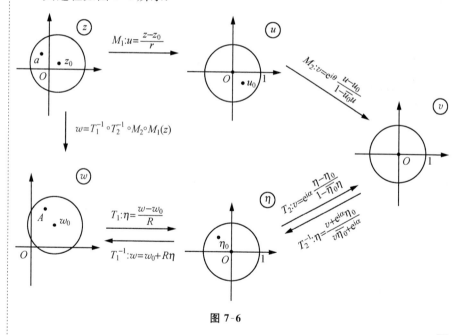

图 7-6

练习 7.2

1. 求下列复数的交比：
(1) $(0,1,1+i,2)$；
(2) $(1,0,1+i,2)$；
(3) $(\infty,1,1+i,2)$；
(4) $(i,1,\infty,2)$.

2. 求在分式线性变换 $w=z+1$ 和变换 $w=\dfrac{1}{z}$ 下，z 平面上的直线 $x+y=1$ 变换成 w 平面上的何种曲线？

3. 证明：与 ∞ 关于圆 $\gamma:|z-z_0|=r$ 对称的点就是圆心 z_0.

4. 确定将上半平面 $\operatorname{Im} z>0$ 共形映照到单位圆外 $|w|>1$ 的线性变换，使得上半平面内某定点 a 的像为 ∞.

5. 确定将上半平面 $\operatorname{Im} z>0$ 共形映照到下半平面 $\operatorname{Im} w<0$ 的线性变换的形式.

6. 确定将单位圆外 $|z|>1$ 共形映照到单位圆 $|w|<1$ 的线性变换，使得圆外某定点 a 的像为 0.

部分习题参考答案

练习 1.1

1. (1) $-11-2i$; (2) $\dfrac{3}{5}+\dfrac{4}{5}i$; (3) $-\dfrac{33}{169}+\dfrac{56}{169}i$; (4) $-\dfrac{7}{2}-13i$.

2. (1) $x^4-6x^2y^2+y^4, 4x^3y-4xy^3$; (2) $\dfrac{x}{x^2+y^2}, -\dfrac{y}{x^2+y^2}$;

(3) $\dfrac{x^2+y^2-1}{(x+1)^2+y^2}, \dfrac{2y}{(x+1)^2+y^2}$; (4) $\dfrac{x^2-y^2}{(x^2+y^2)^2}, -\dfrac{2xy}{(x^2+y^2)^2}$.

4. (1) $x=-\dfrac{4}{11}, y=\dfrac{5}{11}$; (2) $x=2, y=1$ 或 $x=\dfrac{3}{2}, y=\dfrac{1}{2}$.

练习 1.2

1. $\bar{z}=x-iy, -z=-x+iy$.

练习 1.3

1. (1) $4\sqrt{145}$; (2) $\dfrac{5}{2}$. **2.** (1) $-\arctan\dfrac{2}{3}$; (2) $-\dfrac{3}{4}\pi$; (3) $-\arctan 3$.

练习 1.4

1. (1) $2\left(\cos\dfrac{\pi}{3}+i\sin\dfrac{\pi}{3}\right)=2e^{i\frac{\pi}{3}}$; (2) $\sqrt{2}\left[\cos\left(-\dfrac{\pi}{4}\right)+i\sin\left(-\dfrac{\pi}{4}\right)\right]=\sqrt{2}e^{-\frac{\pi}{4}i}$;

(3) $\sqrt{5}[\cos(\arctan 2)+i\sin(\arctan 2)]=\sqrt{5}e^{i\arctan 2}$.

练习 1.5

1. $-1-i$. **2.** $\operatorname{Re}\dfrac{z+2}{z-1}=\dfrac{(x+2)(x-1)+y^2}{(x-1)^2+y^2}, \operatorname{Im}\dfrac{z+2}{z-1}=\dfrac{-3y}{(x-1)^2+y^2}$.

练习 1.6

4. $-i$.

练习 1.7

3. $\dfrac{\cos 1}{2}(e+e^{-1})+\dfrac{\sin 1}{2}(e^{-1}-e)i$.

部分习题参考答案

练习 1.8

1. $\sqrt{2}(1+i), \sqrt{2}(-1+i), \sqrt{2}(-1-i), \sqrt{2}(1-i)$. 2. $1, \omega, \omega^2, \cdots, \omega^{n-1}$，其中 $\omega = e^{i\frac{2\pi}{n}}$. 3. $\pm\frac{\sqrt{3}-i}{\sqrt{2}}$.

练习 1.9

2. $\operatorname{Ln} z = \ln 2 + i\left(-\frac{2}{3}\pi + 2k\pi\right), k \in \mathbf{Z}; \ln z = \ln 2 - \frac{2\pi}{3}i$. 3. $0, \pi i$.

练习 1.10

1. $e^{\frac{2}{\pi}}$. 2. $e^{(2n+1)i}$.

练习 1.11

1. (1),(3)既是连通的又是开集. 4. (1) 椭圆 $\frac{x^2}{a^2} + \frac{y^2}{b^2} = 1$; (2) 双曲线 $xy = 1$.

练习 1.12

1. (1) $z \neq \pm 1$; (2) $\operatorname{Im} z \neq 0$; (3) $|z| \neq 1$; (4) $z \neq 0$.
2. $u(x,y) = x^3 - 3xy^2, v(x,y) = 3x^2y - y^3$.
3. $u(r,\theta) = r^2\cos 2\theta + r\cos\theta + 1, v(r,\theta) = r^2\sin 2\theta + r\sin\theta$.
4. $f(z) = \bar{z}^2 + 2iz$. 5. (1) $u^2 + v^2 = 1$; (2) $u = -v$; (3) $u^2 + v^2 = u$; (4) $u = \frac{1}{2}$.

练习 1.13

4. (1) 不存在； (2) 存在； (3) 不存在.

练习 2.1

1. (1) $f'(z) = \frac{3}{(2z+1)^2}$; (2) $f'(z) = -24z(1-4z^2)^2$.

练习 2.3

1. (1) e^{2x}; (2) $e^{x^2-y^2}$.
2. (1) $e^2(\cos 1 + i\sin 1)$; (2) $\cos k\pi + i\sin k\pi = \begin{cases} 1, & k = \pm 1, \pm 3, \cdots, \\ -1, & k = 0, \pm 2, \pm 4, \cdots; \end{cases}$ (3) $\frac{1}{2}e^{\frac{2}{3}}(1-\sqrt{3}i)$;
   (4) $-ei$.

练习 2.5

4. (1) $z = e^2$; (2) $z = e^2\left(\frac{\sqrt{3}}{2} - \frac{i}{2}\right)$.

练习 3.1

1. $\frac{1}{2}(1+i)$. 2. $6 + \frac{26}{3}i$. 3. πi. 4. i. 5. $2\ln 2$. 6. $\pi i, \pi i$.

练习 3.2

1. (1) $-\dfrac{2}{\pi}$; (2) $e+e^{-1}$; (3) 20. 2. (1) $\dfrac{\pi}{2}$; (2) $\dfrac{\pi}{16}$; (3) 0; (4) $6\pi i$. 4. $\left(\dfrac{8}{\pi}-\dfrac{16}{\pi^2}\right)i$.

练习 4.4

1. (1) 0; (2) ∞; (3) 0; (4) ∞; (5) $\dfrac{\sqrt{2}}{2}$; (6) 1. 4. $\dfrac{1}{(1-z)^2}$, $|z|<1$. 5. $2\pi i$.

练习 4.5

1. $\dfrac{1}{z^2}=\sum_{n=0}^{\infty}(-1)^n(n+1)(z-1)^n$, $|z-1|<1$.

2. $\dfrac{1}{3-2z}=\dfrac{1}{5}\sum_{n=0}^{\infty}\left(\dfrac{2}{5}\right)^n(z+1)^n$, $|z+1|<\dfrac{5}{2}$.

3. $\dfrac{z}{z+2}=\dfrac{1}{3}-\dfrac{2}{3}\sum_{n=0}^{\infty}\left(\dfrac{-1}{3}\right)^n(z-1)^n$, $|z-1|<3$.

4. $\dfrac{1}{4-3z}=\dfrac{1}{1-3i}\sum_{n=0}^{\infty}\left(\dfrac{3}{1-3i}\right)^n[z-(1+i)]^n$, $|z-(1+i)|<\dfrac{\sqrt{10}}{3}$.

5. $\sin^2 z=-\dfrac{1}{2}\sum_{n=0}^{\infty}(-1)^n\dfrac{(2z)^n}{(2n)!}$, $|z|<+\infty$.

练习 4.6

2. 4 阶零点.

练习 5.1

1. $f(z)=\dfrac{1}{z^2}+\dfrac{1}{z}+\dfrac{1}{2!}+\dfrac{z}{3!}+\dfrac{z^2}{4!}+\cdots$. 2. $\sum_{n=-1}^{\infty}(n+2)z^n$. 3. $\sum_{n=-2}^{\infty}(-1)^n(z-1)^n$.

4. $\dfrac{1}{2i}\sum_{n=0}^{\infty}(-1)^n\dfrac{(z-i)^{n-1}}{(2i)^n}$, $0<|z-i|<2$; $\sum_{n=0}^{\infty}\dfrac{(-1)^n(2i)^n}{(z-i)^{n+2}}$, $2<|z-i|<+\infty$.

练习 5.2

2. $z=k\pi-\dfrac{\pi}{4}(k=0,\pm 1,\pm 2,\cdots)$,一阶极点.

3. $z=1$ 为可去奇点,$z_k=1+\dfrac{2k+1}{2}\pi(k=0,\pm 1,\pm 2,\cdots)$ 为一阶极点,∞ 为非孤立奇点.

练习 6.1

1. (1) 1; (2) $-\dfrac{1}{2}$; (3) 0; (4) $-\dfrac{1}{45}$; (5) $-\dfrac{1}{2}$.

4. (1) $\dfrac{-2\pi i}{e}$; (2) $\dfrac{3}{5}\pi i$; (3) $8\pi i$; (4) $-\pi i$. 5. $2\pi i$.

练习 6.2

1. (1) $\sqrt{2}\pi$; (2) $\dfrac{\sqrt{2}}{2}\pi$; (3) $\dfrac{\sqrt{2}}{4}\pi$. 2. (1) $\dfrac{2\sqrt{5}}{5}\pi i$; (2) $\dfrac{\pi}{2}$; (3) $\dfrac{4\sqrt{3}}{9}\pi$.

3. $\dfrac{\sqrt{2}}{4}\pi$. **4.** $\dfrac{5\pi}{288}$. **5.** $\dfrac{\sqrt{2}}{4}\pi\cos\dfrac{\pi}{8}$. **6.** $\dfrac{\pi}{e}\cos 1$. **7.** $\dfrac{\pi}{4e}$. **8.** $\dfrac{\pi}{4e}$.

练习 6.3

1. (1) 4； (2) 0； (3) 3. **2.** 3.

练习 7.1

2. (1) π； (2) 0.

练习 7.2

1. (1) $1+i$； (2) $\dfrac{1}{2}-\dfrac{1}{2}i$； (3) i； (4) i.

参考文献

[1] Brown J W, Churchill R V. Complex variables and Applications[M]. 8th Ed. New York：McGraw-Hill，2008.

[2] 龚昇. 简明复分析[M]. 2版. 合肥：中国科学技术大学出版社，2009.

[3] 郑建华. 复分析[M]. 北京：清华大学出版社，2000.

[4] 刘敏思，欧阳露莎. 复变函数论[M]. 武汉：武汉大学出版社，2010.

[5] 刘敏思，罗小兵. 复变函数初步[M]. 武汉：华中师范大学出版社，2014.

[6] 钟玉泉. 复变函数论[M]. 4版. 北京：高等教育出版社，2013.

[7] 龚冬保. 复变函数典型题[M]. 西安：西安交通大学出版社，2002.

[8] 苑延华，张晓光，邓慧. 复变函数习题精解精练[M]. 哈尔滨：哈尔滨工程大学出版社，2007.

[9] 孙清华，孙昊. 复变函数疑难分析与解题方法[M]. 2版. 武汉：华中科技大学出版社，2010.